U0164464

送給追求健康美麗的女神

21世紀價值健康投資策略

徐家健——著

推薦序

真假難分的年代，經濟學教你識破健康資訊陷阱

曾國平教授
美國華盛頓大學經濟學博士
現任美國維珍尼亞理工大學經濟系副教授

飲紅酒有益健康，還是有害健康？

隨便用中文或英文到網上一找，就會找到一大堆(多數是傳媒轉載的)答案，有益有害，任君選擇。喜歡飲紅酒的，總可以找到符合自己喜好的研究，飲得心安理得；討厭飲酒的，又可以找到同聲同氣的説法，證明自己決定正確。

只是研究也有高低之分。最簡單亦曾經最流行的紅酒健康研究形式，就是找來兩類人，一類有飲紅酒，一類沒有，考慮年齡、性別、種族等因素後，再比較兩類人的健康情況(例如心臟問題)。這個研究方法的最大問題，是忽略了飲紅酒與否並非隨機選擇。在沒有飲紅酒的群組當中，除了純粹不飲酒的人，也有曾經因酗酒而戒酒的，有因健康問題而不再飲的，有因服藥而避

免酒精的，身體全都比一般人差。若果我們比較兩類人時忽略了這些背景，我們就很容易得出「飲紅酒的人較健康」的結論。

要排除這些因素的影響，我們可以找一班生活習慣等背景相似的人，隨機地分成兩組，一組要飲紅酒，一組不飲，若干時間後再觀察兩組人的健康情況。只是人有選擇自由，視乎有沒有紅酒飲，這班人的飲食習慣可能會隨之改變，運動作息也可能有所調節，一兩年後我們看到的實驗結果，就未必只是飲紅酒帶來的影響了。歸根究柢，人不是白老鼠，我們總不能把兩組人關在實驗室裏，確保他們除了飲紅酒外的行為完全一樣。

飲紅酒有益還是有害健康，看似一個簡單的問題，但研究提出的答案有多可靠，取決於採用的研究方法，絕不簡單。一百個研究得出一百個答案，不是每個答案都有同等分量，但大眾傳媒轉述這些研究結果，一律都變成「飲紅酒有助 / 損心臟健康」等的標題，就算內文有提到研究細節，絕大多數讀者也不會有耐性看，看了也不懂判斷研究質素的高低。會因傳媒報道而去翻查原文、以確保研究沒有lost in translation的（除了外文轉中文的翻譯，亦有學術文字轉日常用語的翻譯），更是絕無僅有的怪人了。

研究眾說紛紜兼質素參差，最大的得益者不是賺取流量的大眾傳媒，而是在網上宣揚各種生活習慣的健康KOL。食這個有益？健康KOL可以引用得出同一結論的研究。飲那個有害？健康KOL又可以引用另一研究支持自己的看法。當研究可靠程度難以判別，健康KOL就可以輕鬆為自己宣揚的一套加上科學包裝，既增強說服力，亦有助自家產品和服務的銷情。

病從口入，誤信時事KOL的「獨到分析」，只要純粹聽聽過癮，沒有作出相應的行動（例如改變投資組合），禍害不大，但誤信健康KOL的「真知灼見」，身體力行食這個不飲那個，卻可以有長遠的身心壞影響。在互聯網的世界，數量眾多、俯拾皆是的學術研究，就莫名其妙地成了幫兇，為健康KOL爭取更多更忠實的信徒。

吾友徐家健，愛向難度挑戰，總是站在吃力但未必討好的位置。過去幾年，他就自找麻煩，致力利用其經濟學知識，去判斷醫學研究和建議的可信度，有意無意地跟一眾勢力龐大的健康KOL唱反調。

經濟學者講健康？那不是踩過界嗎？其實經濟學與醫療健康的研究方式，有頗多共通之處，面對着類似的困難。

經濟學絕大部分的實證研究，都不是在實驗室裏面做的。從生產總值等的宏觀指標，到人口普查等微觀資料，都是純粹如實記錄的觀察性數據（observational data），沒有研究人員的干涉。實驗室裏的理想世界，會把分析對象分成幾組，給予不同的對待，得出實驗數據（experimental data），從而推斷某因素的影響。

未必眾所周知的，是醫療健康的不少研究，也不是在實驗室裏面做的。從生活習慣跟壽命的關係，到剛才提到飲紅酒的健康影響，也大多來自觀察性數據，沒有身穿白袍的醫學專家干涉的。相比經濟學，醫療健康較容易做小心控制的實驗，但由於成本昂貴，這類研究的樣本較小，亦需要統計知識去解讀。

除了專業術語上的一點差別，由於困境相似，方法類近，從事實證研究的經濟學者，其實都有足夠能力去消化醫療健康研究，以及判斷其進路的優點缺點（反之亦然，但醫療健康研究沒有經濟學的數學化）。在這嘈音雜音充斥的年代，在這個真假資訊多得難以區分的年代，我們需要徐家健從經濟學的角度去揀飲擇食、起居作息。

推薦序

長壽必須同時擁有健康

文詠賢博士
百奧科瑞創始人兼首席科學家
持有超過18項藥物及生物標誌性研發專利

香港在全世界來説算是最長壽的地區，過去5年更超越日本，成為全球最長壽族群，但長壽必須同時擁有健康，否則意義並不大。

近10年來科研發展到免疫治療，尤其是在癌症及自體免疫病的領域，愈來愈着重個性化免疫治療。更加先進的做法，是在診斷的時候進行基因排序分析，更能針對性地下定治療方案。

香港是一個達到國際醫療及科研級別水平的地方，也是一個中西文化匯合的地方。因此香港人大有條件利用個性化醫學作為常規預防亞健康及慢性病的手段，從而「度身訂造」一些中西醫協同、跨領域，預防慢性病的先進方案；真正做到長壽時也同時擁有健康。

徐博士是經濟學學者，具有獨特資歷，用宏觀經濟學去看健康、慢性病預防及長壽，我對此深有體會，故樂意為之寫序。

自序

唯獨你的健康是不可取替

徐家健

根據諾貝爾經濟學安慰獎研究，「唯獨你的健康是不可取替」並沒有違反需求定律。

生命誠可貴，因此生命有市亦有價；愛情價更高，所以愛情可取替生命？21世紀價值健康投資策略，寫這本書目的是從投資角度向你介紹最新的抗衰老市場知識。祈藥師、求長壽，為的究竟是什麼？無健康無世壽，修行人固無法圓滿修行，俗世人亦無法成就事業。問題是，什麼事業？對於某些人，愛情便是事業。對於其他人，自由才是事業。研究發現，不論什麼事業，認清生存目的就是長壽之道。偏偏，新古典經濟學傳統，從爭取最大財富（wealth maximization）為目的，到品味莫問出處（De gustibus non est disputandum），前人總是強調選擇局限比追求目標重要。強調局限，就是注重取替。然而，當以事業為生存

目的，愛情抑或自由，原來跟生命不一定是有你無我的取替關係。在經濟學眼中，Substitutes, or complements? That is the question!

正如愛情與麵包不一定是取替品——有了你，Robuchon的bread basket會更好食。同樣道理，有了愛情，生命反而更具價值。既可互相扶持，亦是生有可戀。不取替，有伴侶的人平均壽命比沒有伴侶的長。得一想二，相輔(complementarity)才是健康經濟學的核心價值。想健康美麗，健康經濟學建議你找伴侶，更建議你尋知識。書中自有顏如玉，書中亦有黃金屋。原來，書中還有萬壽菊。尋知識，讀書好的人除了姻緣好、收入好，還有身體好。是的，愛你一萬年，首先便要抗衰老。長壽多是讀書人，伴侶、財富、健康的三角經濟關係又是相輔相成、缺一不易。於是，良辰、美景、賞心、樂事，傳統四美難並；伴侶、財富、健康，還有知識，當代四美可俱。

股神巴菲特曾提出兩項投資建議：其一，find a good company；其二，invest in yourself。這是我對股神一語雙關的健康投資演繹：good company既是好公司，亦是好拍檔；yourself既是你的知識，亦是你的健康。這本書的經濟投資知識，送給追求健康美麗的女神。

目錄

推薦序　曾國平教授 6
推薦序　文詠賢博士 12
自序 14

第一章
長命多是讀書人

第一節
微觀健康經濟學：不老是奢侈需求？

120 歲不是夢之從皇帝煉丹說起 25
當醫療價格跑輸通貨膨脹 31
當醫療開支跑贏收入增長 35
經濟學教你豪花 10% 收入滿足不老需求 37
結語 41

第二節
宏觀健康經濟學：書中自有萬壽菊？

一個世紀有錢人長命 30 年 44
半個世紀窮人也長命起來 48
普雷斯頓曲線說明長壽多是有錢人？ 50
讀 1 年書長 5 個月命 52
讀書人在控煙前戒煙 57
教育，一次過滿足 3 個願望 60
結語 63

第三節
健康，經濟學憑什麼？

殺人用的軍事經濟學教你解讀數據......65
救人用的瘟疫經濟學提你緊記取捨......69
罵人用的踢爆經濟學助你分辨是非......72
拆解長壽基因開關白藜蘆醇之謎......76
結語......84

第二章
得一想二的健康需求法則

第一節
健康需求從生命價值說起

一副身家買一線生機......89
一條人命值 7800 萬......92
人命有分貴賤？......96
幫吸煙的健康成本算算帳......98
結語......100

第二節
20 世紀健康資本論

醫療是一種資本投資......102
治療勝於預防的健康世紀......106
投資心臟病治療得萬億回報......109
當癌症殺不死我們，治療失智更值錢......111

目錄

煙民三害風險自己埋單 114
得閒肥胖唔得閒代謝健康 116
20 世紀讀書減三害 119
假如成功除三害，120 歲不是夢？ 123
結語 125

第三節
21 世紀說好長壽故事

諾貝爾投資法則之技疊技 127
假如肥胖是疾病，老化呢？ 132
只好怪 DNA 出錯？健康資本貶值還看 12 老化標誌 138
NAD+ 前體修理發電廠失靈 142
復活素治老從口入 146
漆黃素滅殭而不死 149
新世紀價值健康投資——預防衰老勝於治療疾病 151
結語 154

第三章
醫者市場心的健康供應規律

第一節
健康供應從孤兒藥說起

規模限制醫者父母心 157
早老病還須孤兒藥醫 161
醫保津貼政客老人心 166
結語 169

第二節
20 世紀監管增加醫藥費

都是醫療霸權惹的禍？ 171
藥物安全致命的監管 174
結語 177

第三節
21 世紀醫者還有企業心

人工智能降老化研究成本 179
深度老化鐘，研製不老藥的必要前奏 183
尋找醫療企業家的故事 187
食玩瞓郁讀五大健康支柱 189
結語 193

第四章
以下內容不構成任何健康投資建議

第一節
市場沒有告訴你的長壽藥物

15 種服用後死亡率較低的處方藥 197
11 種對實驗室小鼠有效的長壽藥 202
眾裏尋她雌激素？ 207
復活素的市場失效 209
結語 213

目錄

第二節
監管當局忠告你的再生治療

幹細胞耗竭，12 老化標誌之一 215
誰偷走了我的再生治療？ 217
想再生，花旗行不如東瀛遊 220
細胞再編程是逆齡新希望？ 223
結語 225

第三節
2024 我最喜愛的健康 KOL

20 世紀安賽基斯的走脂陰謀論 227
21 世紀大衛辛克萊的逆齡爭議 237
麥特凱伯琳：雷帕霉素是長壽干預的黃金標準 241
彼得阿迪：運動是最有效的不老藥 244
葡萄糖女神：我的血糖愈不規律，精神健康便愈差 247
MyGut 者言：我的經濟學開心分享 250
結語 252

後記 254

第一章

長命
多是讀書人

第一節

微觀健康經濟學：不老是奢侈需求？

萬歲萬歲萬萬歲！

120歲不是夢之從皇帝煉丹說起

股神巴菲特說過，投資自己才是最高回報的價值投資：

If you can increase your potential 10%, 20% or 30% by enhancing your talents, they can't tax it away. Inflation can't take it from you.

是的，提升我們的才能，政府拿不走，通脹亦拿不走。股神卻似乎忘記了，萬般帶不走，唯有死神可以輕易奪去。不是嗎？讀研究院時，一位師姐踏單車意外撞傷頭部，不算嚴重，老師知道後對我們語重心長：「好好保護你們的腦袋，那是世上最具價值的資本。」我們這位老師貝加（Gary Becker），是人力資本理論（Human Capital Theory）之父，亦是1992年諾貝爾經濟學獎得主。

傳説，秦始皇曾派徐福帶領數千童男童女渡海，不惜工本遠赴蓬萊、方丈、瀛洲三座仙山，為的是求取長生不老藥。事與願違，未到知命之年嬴政駕崩。始皇帝之後，仙丹成了不同朝代皇帝的奢侈品。數據説，兩千多年來中國二百多個皇帝的平均壽命，就只有41歲！多麼奢侈的追求，長生而不老連天子也求之不得。兩千多年後，ChatGPT之父阿特曼（Sam Altman）投資1.8億美元於生物醫療創業公司Retro Biosciences，目標是透過細胞再編程（cellular reprogramming）、自噬（autophagy）、血漿療法（plasma-inspired therapeutics）等延長人類平均壽命10年。120歲不是夢？今時今日，做港人好過做皇帝，皆因我們出生時的平均預期壽命已升至82歲，比從前皇帝長命足足一倍！

除了贏在起跑線，近年還有聲稱抗衰老甚至逆齡的「不老藥」充斥市場：從抗氧化到抗老化的白藜蘆醇（resveratrol），到近年本地首富有份投資的食物補充品NR（nicotinamide riboside）、社交網絡KOL推薦的不同品牌NMN（nicotinamide mononucleotide），加上來自復活島的雷帕霉素（rapamycin）等抗衰老藥物（senomorphics）和其他清除衰老細胞的去衰老藥物(senolytics),還有具道德爭議的幹細胞治療等再生醫療(regenerative medicine),以及更具技術爭議的異體共生(parabiosis),任君選擇。

市場卻不會告訴你,2002年51位研究老化的頂尖科學家聯署勸喻公眾,避免購買及使用市場上任何聲稱抗衰老甚至逆齡的產品,因為沒有證據顯示任何生活習慣改變、外科手術、維他命、抗氧化劑、激素、基因工程技術能改變人類老化過程。

可能有見及此,另一科技富豪布萊恩莊遜(Byran Johnson)近年化身當代神農嘗百草,除了每天服用過百種可能具抗衰老效用的補充品,還定期檢查自己各個器官的生物年齡,企圖不斷改良為達至不死身而設計的千萬元療程。

生物學告訴你,長壽並非物競天擇的自然優勢。演化論的含義,老化是個複雜的生物過程,企圖破解長生不老之謎就是逆天而行?經濟學卻又告訴你,「預防勝於治療」其實是一項投資策略:預防可能獲取將來的效益,治療必須支付現在的成本。於是,時間偏好(time preference)和風險態度(risk attitude)都會影響預防與治療之間的平衡。

行外人有所不知，21世紀的健康資本論，正面對着一個令科學家頗為尷尬的問題：有效延長人類壽命，是個實驗室內近乎不可驗證的結果，因為我們太長命了！於是，延長壽命的測試只能透過實驗室小鼠等平均壽命短得多的物種進行。問題是，有效延長實驗室小鼠壽命，同樣有效延長人類壽命嗎？另一方法，是間接量度其他反映壽命或衰老的生物指標(biomarkers)。問題是，不同衰老的生物指標，能準確反映身體不同器官的生物性老化(biological aging)嗎？

是的，從古時方士煉丹到現代藥企研製不老藥，今天的老化科學(Geroscience)和經濟學界分別面對兩個重要問題：其一，老化是否疾病？其二，醫療是否奢侈品？兩個答案都不明顯。假如老化是可醫治的疾病，但醫療是難負擔的奢侈品，抗老逆齡的醫療便是個奢侈需求。

當keep young取代了keep fit成為我們奢侈的終生事業，一連串的選擇題包括：

- 白藜蘆醇還是穀胱甘肽？
- NR還是NMN ？
- 雷帕霉素還是甲福明？
- 幹細胞還是免疫細胞治療？
- 自體還是異體細胞治療？
- 去脂還是走糖？
- 生酮還是純素飲食？
- 少食多餐還是168斷食？
- 有氧運動還是重量訓練？

生老病死，時至則行。更根本的問題我認為是：預防衰老還是治療疾病？

經濟學專醫選擇困難症。以經濟學解讀實驗室外的觀察性數據，當皇帝只活到四十而不惑，同期僧人和中醫的平均壽命分別竟有67歲和75歲！原來，罕有地長壽的蕭衍和乾隆既是皇帝，同時又是讀書人。教導學生好好保護最具價值資本的貝加，2014年離世時享年83歲，不但比他同年出生的預期壽命多活四分之一個世紀，即使今天出生的美國男性平均來説亦不及他長命。傳媒錯誤報道他死於長期病患，老師的死因其實是意料之外的胃潰瘍手術併發症。比貝加晚一個月出生的特爾沙（Lester Telser）是我的另一位博士論文導師，兩年前離世時91歲。這兩位芝加哥學派的巨人生前不時提醒我：教育以及健康這兩種人力資本，是現代資本主義社會裏最重要的財富，而當教育提升我們的才能，我們自然更希望擁有健康好好發揮這些才能。除了我兩位博士論文導師，自古以來的孔子、荀子、莊子、孟子、墨子等學者都活到70歲以上，歐陽詢、柳公權等書法家的壽命更超過80歲。今天，先進經濟體的平均預期壽命，大學畢業的比只有中學程度的長了5年多！市場告訴你，投資教育似乎比爭奪權力更延年益壽。

健康是選擇，長命有得揀？事先張揚的價值健康投資分享：求萬歲，勤讀書好過做皇帝。長命多是讀書人，為什麼？

當醫療價格跑輸通貨膨脹

香港大學經管學院發表的《香港經濟政策綠皮書2024》，當中就人口老化對未來醫療開支負擔提出具體政策建議。芝大師兄王于漸特別警告，香港長遠醫療開支增幅驚人，除了人口老化導致患病率增加，據説醫療物品成本上漲亦是醫療開支激增的主要原因。分析指，除非在10年內能每年淨流入約5萬個年輕家庭，否則至2040年醫療開支佔本地生產總值比例將由近年的7%升至9%！問題來了，一個富裕家庭把子女送去學費升幅長期跑贏通脹的外國名牌大學接受教育，教育開支佔家庭收入比例再高，擔心什麼？

讀經濟學的朋友都知道，踏入21世紀，全球先進地區面臨着兩大經濟問題：其一，退休；其二，醫療。前者，規模上是算術級數的問題；後者，規模更是幾何級數。兩大經濟問題背後，都是源自人口老化。就這些問題，讀研究院最後一年時，我曾跟後來憑研究醫療的經濟貢獻而獲得「天才獎」（MacArthur Fellowship，俗稱為Genius Grant）的芝大老師梅菲（Kevin Murphy）討論過，如何量度醫療行業的生產力提升，我們同意產品服務價格下跌是其中一個重要指標。

論價格，秦始皇的仙丹可能比不上今天市場上的「不老藥」；論功效，兩者卻當然不能同日而語。輿論給一般市民的印象，是醫療愈來愈貴。然而，醫療負擔上升，其實可以是價格下跌所致。據説，多個皇帝（包括秦始皇）是長期服用仙丹而中毒身亡；今天，研究一次又一次證明雷帕霉素有助延長實驗室小鼠的壽命至少兩成，充斥本地市場的還有新興補充品NMN。假如經質素調整後醫療價格不斷下跌，而醫療在消費者眼中並非不可取替，因價小跌而量大升所致的醫療負擔加重又何罪之有？是的，假如「不老藥」的功效比傳統仙丹大幅提升，「不老藥」的經濟負擔再升，既是消費者之壽，亦是消費者之福。

我更喜歡的例子，是心臟病治療的成效改進。在研究院讀過一篇名為“Are Medical Prices Declining? Evidence from Heart Attack Treatments”的經濟文章，文章指出表面上，上世紀80年代的醫療價格跑贏通脹3.6個百分點，常用的心臟病治療價格指數亦錄得跑贏通脹3個百分點。然而，先經調整實際的交易價格，心臟病治療的價格其實只有每年1%的上漲。再經治療成效改進的調整，心臟病治療的成本指數原來不升反跌，跌幅達每年1%！往後的研究亦發現，經成效改進調整，醫療的實際價格改變其實長期跑輸通脹！

是的，當學費貴是因為教育質素高，名校抵讀。醫療，為什麼不可以因更有效而變得更抵醫？經濟學教你發掘有效醫療價格，因為真正的醫療價格往往比想像中複雜。價格不變但質量提升，或調整質量後的有效價格下跌，只要需求彈性（demand elasticity）夠高，開支便會增加。

醫療負擔上升，可以是其質量提升所致。難明嗎？背後邏輯其實是個古老的經濟問題。工業革命後期，英國經濟學家哲逢士（William Stanley Jevons）擔心煤產見頂會拖垮英國經濟發展。

1865年他發表了《煤的疑問》（*The Coal Question*）一書，解釋科技進步提升了蒸氣機效能，高效能卻又進一步增加了煤的需求，導致原本有助節能的科技反而令煤產更快見頂。這個「哲逢士悖論」邏輯井然，其變奏更成了張五常大教授母校加州洛杉磯大學經濟系的口術傳統：只要燈膽照明的需求具足夠彈性，燈膽耐用會增加消費者對燈膽的需求，但由於消費者對照明需求不變，燈膽製造商不會因擔心產品需求下降而壓抑研發更耐用的燈膽。提升質量的研發，我經常考學生以下題目：提高汽車汽油效能標準有助減排嗎？答案是排放可增可減，因為每當汽油效能提高一成，每公里路程所需的汽油成本便下調一成。需求定律下，駕車里數會隨駕車成本下降而增加，最終汽油消耗的增減和減排成效視乎駕車的需求彈性。需求彈性愈高，駕車里數增加的幅度便愈大，排放增加的可能性也亦愈高。同一道理，當醫療成效改進導致價格下跌，醫療負擔不斷向上可能只反映其需求彈性偏高。

醫療物品成本上漲，這可能只反映其質素愈來愈高。多買，因為抵買。抵買，卻不一定識買。從醫療質素改進以至健康生活習慣成本轉變，健康投資怎樣才最具價值？

當醫療開支
跑贏收入增長

抵買，要識買。買得起，更加要識買。

畢業後，一次到華府探望我的另一位博士論文導師莫里根（Casey Mulligan）。由於當時他正為特朗普政府當經濟顧問，討論時我們自然談到當時兩黨正鬧得熱烘烘的奧巴馬醫改。輿論都搞錯了！抵買的，也可以是奢侈品。

「醫療是否奢侈品」這個環球爭議，在美國尤其討論得激烈。半個世紀，美國的醫療開支佔生產總值的負擔由1950年的5.2%上升至2020年的19.7%，一早成為了全球醫療負擔最重的國家。香港呢？根據醫務衛生局資料，2019年本地醫療總開支為1,896.24億元，亦即每人每年的平均醫療總開支是25,258

元。很奢侈吧？原來，從1989到2019年，我們的醫療總開支以每年平均5.6%的速度上升，比同期本地生產總值的平均增長率3.4%高。於是，香港醫療開支的經濟負擔亦由1989年的3.6%上升至2019年的6.8%。

經濟學怎樣看醫療開支增幅驚人？經濟學定義，富人較窮人負擔較大的消費品才是奢侈品。以收入彈性劃分，收入彈性大於1的消費品就是奢侈品。於是，當價格不變，假如隨着收入增加醫療負擔有增無減，醫療便是奢侈品。又換句話，當收入增長率追不上醫療開支增長率，醫療的需求就變得奢侈起來。是的，大多低收入國家的醫療負擔今天仍維持在5%以下，不少高收入國家的醫療負擔卻早已超過了10%。港大團隊預測香港的9%醫療負擔，在國際標準來説其實是合理數字。

醫療開支增幅驚人，這多少反映健康再奢侈，我們也愈來愈負擔得起。買得起，價值健康投資的目標應聚焦長壽還是健康？策略又應強調預防還是治療？

經濟學教你豪花10%收入滿足不老需求

回説曾讓兩黨鬧得熱烘烘的奧巴馬醫改。當時有輿論擔心，美國獨有的醫療保險制度引發嚴重的道德風險問題，醫療負擔上升主因是病人支付的與成本脱鈎。醫療保險導致病人支付的與成本脱鈎愈來愈嚴重？這個是制度問題。另一方面，醫療是否奢侈品？這個是需求問題。最後，醫療負擔增加是因為技術改進導致價格下跌？這個卻是供應問題。老師莫里根曾在華府提醒我，當美國人醫療負擔不斷增加，美國人寵物的醫療負擔竟同時上升！由於寵物的醫療保險相比人類的遠為罕見，醫療負擔增加不太可能只是制度問題，這個亦是特朗普政府對美國醫療問題的看法吧。

另一個我認為更值得深思的爭議，是成效被受質疑的臨終照顧（terminal care）竟佔整體醫療開支兩成甚至更多。近年，香港的醫療負擔同樣不斷增加。有見及此，政府近年推出的「慢性疾病共同治理先導計劃」，就是希望及早預防慢性疾病及減少相關併發症，透過預防減少未來治療相關的龐大醫療開支。

醫療負擔增加有其需求與供應根源，當價格下跌遇上收入增長，多買抵買的奢侈品我們擔心什麼？進一步了解醫療負擔增加量背後的供求邏輯，有助我們回答這個問題。

首先是替代效應。技術改進帶來醫療價格下跌，會增加醫療的需求量。一減一加，醫療的需求要具足夠彈性，亦即醫療具有足夠的替代品，醫療開支才會增加。根據統計定義，醫療開支包括健康推廣和預防、疾病診斷治療和康復、慢性病患者的照護、與健康有關的缺損和殘疾人士的照護、紓緩治療、提供社區醫療衛生項目和醫療系統行政及管治。雖説預防與治療並重，始終只有市場交易才會被記錄。家庭生產和市場生產兩者之間替代，在預防疾病這方面尤其明顯，特別是當普遍市民的時間成本隨工資上升。醫療科技日新月異，從飲食習慣到補充品再到處方藥物，之間的替代空間着實不少，今天流行的不老藥是好例子。替代效應之下，當醫療物品成本上漲，經濟學教你有效平衡市場與家庭之間的選擇，讓你累積更多健康資本。

還有財富效應。醫療作為奢侈品其實合乎經濟邏輯。著名學術論文"The Value of Life and the Rise in Health Spending"解釋：

Standard preferences — of the kind used widely in economics to study consumption, asset pricing, and labor supply — imply that health spending is a superior good with an income elasticity well above one. As people get richer and consumption rises, the marginal utility of consumption falls rapidly. Spending on health to extend life allows individuals to purchase additional periods of utility. The marginal utility of life extension does not decline. As a result, the optimal composition of total spending shifts toward health, and the health share grows along with income.

根據邊際效用遞減法則，當消費隨收入上升而增加，消費帶來的邊際效用會減少。這時，透過增加醫療開支延長壽命，壽命增加一年便多消費一年帶來的效用，所以壽命帶來的邊際效用不會減少。於是，醫療的經濟負擔愈來愈重，成為奢侈品是理性的消費選擇，並非壞事，更可以符合成本效益。

簡單講，有錢最怕無命享。是的，消費是生命的質，壽命是生命的量，而生命的質和量是相輔相成的互補關係。財富效應之下，當醫療開支增幅驚人，經濟學教你符合成本效益地花一成收入於醫療開支。

結語

得天下，求萬歲。不老，自古以來都是奢侈需求。9% 醫療負擔，讀書人告訴你，以國際標準來説這絕非什麼驚人數字。醫療開支增長跑贏經濟增長，亦是醫療作為奢侈品的一個市場規律。歲月不待人，醫療科技卻一日千里，加上收入上升財富累積，醫療負擔愈來愈重是大勢所趨。消費更多醫療，原因之一是這奢侈品愈來愈抵買。經濟學要提醒大家的，是香港私人醫療開支的比例較不少着重公共醫療的先進地方高，因此從個人層面，我們更有理由學懂醫療開支要花得物有所值。

科學家今天普遍相信，壽命長短只有四分之一由先天基因決定，其餘四分之三其實受醫療、生活環境、日常習慣等後天因素所影響。難怪，2023 年 9 月 28 日《經濟學人》雜誌刊登了一篇名為"Living to 120 is Becoming an Imaginable Prospect"的文章：

In America and Britain centenarians make up around 0.03% of the population. Should the latest efforts to prolong life reach their potential, living to see your 100th birthday could become the norm; making it to 120 could become a perfectly reasonable aspiration.

從前，100歲唔死都有新聞；如今，120歲不是夢。150歲呢？根據著名生物學家奧斯塔德（Steven Austad）提出的「壽商」（Longevity Quotient，簡稱LQ）定義，人類的LQ約為5，即人類的平均壽命是其他體型相若物種的5倍。原來，人類竟然是相對長壽的物種！然而，科學家一次又一次提醒我們，至今未有臨牀證據顯示任何藥物或療法能進一步提升人類的LQ。難怪，2000年一場跨世紀賭局，奧斯塔德下注首個能活到150歲的人已經降生，有份帶頭聯署勸喻公眾避免購買逆齡產品的公共衛生學家奧尚斯基（Jay Olshansky）就不同意。兩個讀書人，各自投注150美元並放入一個投資基金滾存，150年後，總數會由勝出一方的後人獲得。

經濟選擇題，長命有得揀。將沉重醫療負擔轉化為價值健康投資，從微觀成本效益到宏觀市場供求，經濟學教你先掌握醫療衛生以至健康長壽的基本因素分析，再運用分析結果更有效累積更多長期健康資本。

第二節

宏觀健康經濟學：書中自有萬壽菊？

知識就是健康。

一個世紀
有錢人長命30年

關於「黃金時代謬誤」(Golden Age Fallacy)，電影《情迷午夜巴黎》有這樣的描述：

Nostalgia is denial, denial of the painful present. And the name of this fallacy is golden-age thinking. The erroneous notion that a different time period is better than the one one's living in. It's a flaw in the romantic's imagination of those people who find it difficult to cope with the present.

喜歡陰謀論的人容易相信現代人健康愈來愈差，背後是西醫霸權與藥廠糖企的政治合謀所造成。多得長期的營養提升和醫療進步，研究經濟史而獲諾貝爾獎的芝大老師科高(Robert

Fogel）提醒我們，宏觀地看人類生理在過去300年間正經歷着由科技而引發的重大變化：我們的平均體型增大了超過50%，平均壽命更上升了超過100%。

科高的技術生理演化理論（Theory of Technophysio Evolution），應用在20世紀尤其明顯。以數據最完備的美國為例，男性出生時的預期壽命由上世紀初的45歲上升至上世紀末的近75歲，同期女性出生時的預期壽命亦由近50歲上升至近80歲。

一個世紀的健康回報，除了受第一次世界大戰期間的西班牙流感爆發所影響，改進是持續不斷的。換句話，在有效的不老藥成功研發前，隨着奢侈品醫療的經濟負擔愈來愈重，我們其實亦愈來愈長壽。為什麼？原來，上半個世紀的預期壽命增長主要源自嬰兒及兒童死亡率下降，二戰後初期預期壽命增長放緩，到了70年代預期壽命增長改為主要由中老年人死亡率下降帶動。這段時期，單單是心臟病死亡率的下降，便推動預期壽命增長超過3年。加上心血管疾病和各種癌症的預防及治療，一共又增加了美國人平均壽命約5年。從快死到慢死，這是所謂的「流行病學轉變」(Epidemiological Transition)—— 威脅人類的流行病，從威脅較年輕一輩的傳染病轉變到威脅較年長一輩的慢性疾病。

20世紀，算是人類健康史上的黃金時代嗎？課堂上，老師梅菲曾向我介紹過他一項重要研究，這篇名為“The Value of Health and Longevity”的經濟研究文章發現：

Cumulative gains in life expectancy after 1900 were worth over $1.2 million to the representative American in 2000, whereas post-1970 gains added about $3.2 trillion per year to national wealth, equal to about half of GDP.

打破陰謀論。當醫學遇上經濟學，一個世紀的健康改進，平均價值每人過百萬美元！70年代後治療各種危疾帶來的經濟效益，總值可比一半GDP！至於累計的得益分佈：

The largest gains occur at birth and at young ages. Health advances over the twentieth century yielded additional life-years for a newborn with a present value of nearly $2 million. Most of this occurred early: more than half occurred by 1930 and more than 80 percent by 1950, reflecting progress against

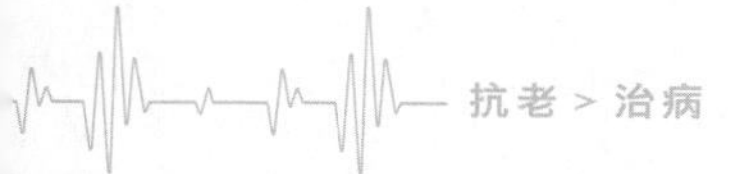

infant mortality and childhood diseases. But gains are also very substantial for adults. Men aged 20-40 gained life-years worth roughly $1 million. Women's gains were greater because we value life-years for men and women equally, but women gained more years.

上世紀，嬰兒及兒童是健康回報的大贏家。今個世紀，在技術生理演化之下，成年人早前的百萬美元得益又能否隨抗老逆齡的醫療技術發展延續下去？

半個世紀
窮人也長命起來

醫療作為奢侈品，健康回報只是有錢人的專利嗎？宏觀地看，貝加不同意：

Throughout the post-World War II period, health contributed to reduce significantly welfare inequality across countries... We show that mortality from infectious, respiratory, and digestive diseases, congenital, perinatal, and "ill-defined" conditions, mostly concentrated before age 20 and between ages 20 and 50, is responsible for most of the reduction in life expectancy inequality. At the same time, the recent effect of AIDS, together with reductions in mortality after age 50 — due to nervous system, senses organs, heart and circulatory diseases — contributed to increase health inequality across countries.

老師這篇文章“The Quantity and Quality of Life and the Evolution of World Inequality”指出，上世紀全球健康回報其實減少貧富差距。傳染病、呼吸系統疾病、產期前後等死亡率下降，主要受惠的年輕一輩促使全球貧富差距收窄，而心臟病等死亡率下降，得益的較年長一輩傾向增加全球貧富差距。

整體來説，當前者的影響大於後者，奢侈品醫療價格下跌帶來的健康回報，在上世紀不只是有錢人的專利。

普雷斯頓曲線
說明長壽多是有錢人？

雖說健康不是有錢人專利，但窮人的健康似乎及不上有錢人。難道是愈窮愈變鬼？當醫療開支隨收入上升而增加，富人比窮人健康其實不足為奇。

1973年，受過經濟學訓練的社會學家普雷斯頓（Samuel Preston）透過統計方法，有系統地比較不同年代世界多個國家的人均收入和預期壽命。著名的「普雷斯頓曲線」（Preston Curve），就是說明國家人均收入愈高，國民預期壽命愈長這個統計關係，而這關係顯示預期壽命的增幅會隨收入增加而遞減。日新月異的醫療科技，卻會使人均收入和預期壽命的關係不斷推進。於是，美國等高收入國家，健康回報靠的主要是醫療科技改進，而一般低收入國家，健康回報除了靠醫療科技改進，還可能是收入增長帶動？

金錢，買得到健康？普雷斯頓認為，長遠來說健康回報主要還是靠成功的醫療科技投資。然而，醫療始終又是奢侈品。上世紀末，心臟病或癌症等死亡率下降，不是單單金錢可以輕易購買的。金錢卻買得到有足夠營養的食物和清潔的飲用水。傳染病、呼吸系統疾病、產期前後等死亡率下降，多少還要靠金錢買得到的營養和食水。

問題來了，為什麼充飢的食物要營養均衡？為什麼解渴的食水要乾淨清潔？還有，為什麼歷代得天下的皇帝平均壽命就只有41歲？又為什麼有皇帝長期服用仙丹而中毒身亡？

讀1年書
長5個月命

這是教育問題，蠢材！

相比僧人或醫生，做皇帝其實是個較危險的職業。兩成多被殺的皇帝平均壽命只有31歲，六成多自然死亡的皇帝平均壽命亦不過46歲，遠比僧人或醫生的低。至於3%中毒死的，平均壽命是43歲。九成多酗酒或縱慾而死的，平均壽命跟被殺的差不多。有財有勢的不一定長命，莫非金錢買不到長壽？

原來，普雷斯頓當年分析發展中國家人均收入和預期壽命的關係時，加入了識字率這因素，並發現識字率高的國家平均預期壽命亦會愈長。另一方面，隨着現代健康經濟學在70年代的誕生，愈來愈多證據顯示學校教育與個人健康之間的正面關係，而個人健康不限於壽命，還包括死亡率、發病率、自我健康狀況評估、不同的健康生理指標等等。統計上的相關，卻可以是倒果為因的多病因此缺課，亦可以是其他因素（例如短視、自制力不足等）導致讀書差，健康亦差。

教育與健康的因果關係，近年愈來愈被廣泛重視。母親學歷對子女健康有正面影響，不會是倒果為因的關係。問題是，我們總不能在實驗室透過隨機增加某某學生的讀書時間，然後比較不同學歷的人長大後的壽命差距。

要確立個人教育與健康的因果關係，早期一項我認為有説服力的研究發現，上世紀初透過推行義務教育制，美國少年上學接受教育的時間增加了，長大後他們的死亡率相應明顯降低。之後，不論是比較相同基因不同教育程度的「雙生子研究」（twin study），還是透過「孟德爾隨機化」（Mendelian Randomization）先找出基因對教育的影響，都得出相同的因果關係。換句話，因為讀書多所以身體好，是一個相當robust的因果關係。最新一篇名為"The Association Between Education and Longevity using Individual-level Data from the 1940 Census"的研究文章，從分析500萬美國人的龐大數據得出以下結論：每接受多1年學校教育，壽命延長平均5個月，而教育對健康的影響，在收入高、校區好、公共衛生投資大的地方尤其明顯。

教育使人健康，為什麼？我的同門師兄高士文(Michael Grossman)，應該是最早研究這關係背後經濟邏輯的人。相比收入，師兄認為教育對健康的影響更大。同樣作為貝加的入室弟子，師兄在60年代寫博士論文時已開始思考這個問題。

老師貝加是經濟學人力資本理論之父，師兄高士文是現代健康經濟學的主要始創人。把健康視作一項重要的人力資本，高士文強調教育資本和健康資本兩大人力資本都需要投放時間，不是單靠金錢便可從市場直接買回來。這兩項需要時間投放的資本，投資的關係是怎樣相輔相成呢？ Complementarity，是人力資本理論一個極為重要的概念。受到貝加的啟發，高士文當年提出教育資本的累積提升了投資健康資本的效率，相同的健康投入(包括醫生診治、處方藥物等)，教育程度較高的人能生產更多健康資本。另一效率提升，是教育程度較高的人更懂選購適當的健康投入。除此之外，教育程度較高的人亦可能學懂自制和長遠規

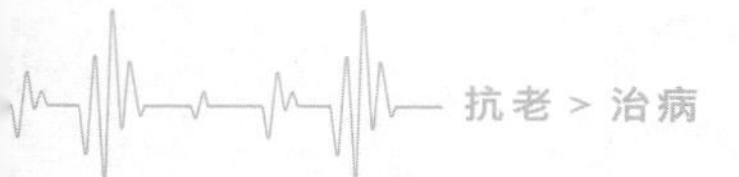

劃，教育和健康之間的相輔互補，解釋到長命多是讀書人這個普遍現象。難怪一次有關健康經濟問題的訪問中，高士文對教育的角色一錘定音：

If you were to ask me what affects health and longevity, I would put education at the top of my list.

質疑教育使人健康這因果關係，最受行內留意的應該是史丹佛大學的福克斯（Victor Fuchs）。福克斯提出，教育和健康兩種人力投資，同時受時間偏好影響，愈有耐性的人便愈肯作教育和健康的長遠投資，但這並不代表教育使人健康。人力資本的少林寺芝加哥學派卻不是這樣看，我的兩位博士論文導師貝加和莫里根有一套理論，理論提出耐性並非完全先天決定，而是可以透過後天人力投資培養：

Fuchs and others believe that differences in time preference across individuals explain important differences in health-related decisions. Our analysis implies the converse, that differences in health cause differences in time preference because greater health reduces mortality and raises future utility levels.

倒果為因，因為身體好，所以耐性夠。這篇名為"The Endogenous Determination of Time Preference"的文章，我認為對教育與健康兩大人力資本的投資具深遠意義。站在巨人的肩膀上，我的看法是正正因為耐性可以培養，除了讓學生更有效接收和運用健康資訊，教育亦能夠豐富我們對未來的想像，進一步有效提升讀書人對健康的需求。

讀書人在控煙前戒煙

長命多是讀書人，說明其背後經濟邏輯的最佳例子，可能是吸煙這消費行為。

早在80年代初，經濟學界已質疑不同控煙措施的成效。芝大老師梅菲當年便發表過一篇文章，比較政府控煙措施及吸煙健康風險分別對吸煙率造成的影響。這篇名為"Governmental Regulation of Cigarette Health Information"的經典文章發現：

Our results indicate that consumers have reacted quite vigorously to the information that has been supplied to them regarding the health dangers of smoking. Most previous studies have greatly underestimated consumer response to publication of the 1953 American Cancer Society Report... Our results indicate that the 1964 Surgeon General's Report intensified the consumer movement away from tobacco consumption.

換句話說，煙民跟其他理性消費者分別不大，當得知消費香煙的真正健康成本，吸煙率會透過市場機制自然調節。多少是受到芝大傳統的影響吧，讀研究員時認識的一位師兄Damien de Walque 進行了一項吸煙與教育的研究。研究結果後來發表在一篇名為"Education, Information, and Smoking Decisions: Evidence from Smoking Histories in the United States, 1940 - 2000"的學術文章：

The conclusion from the analysis is that the smoking prevalence among more educated individuals, college graduates in particular, declined earlier and most dramatically than in any other education category. The decline for college graduates started in 1954, four years after the medical consensus on the health consequences of smoking and ten years before the publication of the first Surgeon General's Report on this issue. This suggests that they had easier access to the information and/or were more able to process that information.

透過在市場散播健康資訊，當得知消費香煙的真正健康成本，加強吸煙影響未來健康的想像，吸煙率會透過市場機制自然調節，而這調節是從教育程度高的人開始。歷史證明，讀書人毋須等待政府干預控煙，吸煙與否，自己健康自己打算。

教育，
一次過滿足3個願望

有關人力資本理論最早期的實證研究，其實是分析多讀書如何提升工資的明瑟工資方程(Mincer Wage Equation)。今天學界的共識是，每讀1年書工資平均上升約10%。然而，教育的投資回報又點止工資咁簡單！

近年，經濟史專家亦開始留意，曾幾何時女性讀大學主要的回報就是找個高學歷的伴侶。隨着婦女能頂半邊天，美國過去數十年婚姻市場上竹門對竹門的情況卻更加明顯。所謂的power couples，便是大城市裏愈來愈多高學歷、高收入的男女組織家庭。這情況竟在電影圈亦十分普遍。梅麗史翠普與她的前夫，擁有相同19年的學歷；辛潘跟他的妻子，同樣只有12年學歷。

由於影圈裏學歷跟成就關係不大，合作機會亦與學歷無關，影圈裏婚姻的竹門對竹門，反映出當男主外女主內的家庭分工不再盛行，「和你消費」（Consumption Complementarities）才是當代男歡女愛相處之道。家庭經濟學中的門當戶對法則（assortative mating），推斷高學歷夫婦婚姻穩定。於是，投資學校教育的非金錢回報，轉變為找個啱channel的伴侶「一起消費」，而這個一起消費，還有意想不到的健康回報。從1938年開始的「哈佛成人發展研究」（Harvard Study of Adult Development），是全球歷時最長的老化研究之一。從經濟大蕭條時期開始，幾十年來追蹤數百個哈佛大學學生的健康狀況。研究發現，孤獨可殺人，但在衝突中生活亦有損健康，傷害甚至比離婚更大。相反，親密關係可防止腦退化，而在50歲時對關係感到最滿意的人，在80歲時就是最健康的人。是的，已婚的男人較健康，尤其當伴侶有高學歷。

説過了，健康經濟學中的人力資本互補假説（Human Capital Complementarities），透過接收和運用健康資訊以及培養耐性，解釋了為何長命多是讀書人。經濟學告訴你，收入、教育、婚姻、健康有着複雜的四角因果關係。首先，教育對健康有直接的正面影響。透過收入增加，教育對健康又有間接的正面影響。再透過power couples穩定婚姻，教育間接亦有延年益壽的效果。投資教育多讀書，會有情理之中以及意料之外的健康回報。

結語

書中自有黃金屋，書中自有顏如玉。原來更宏觀地看，書中還有萬壽菊。想健康長壽？唔使做皇帝嘅。當學歷較高美國人之間的壽命差異比學歷較低的少，反映的可能是對讀書人來説，較健康的生活環境和日常習慣減低了先天基因的影響。想滿足健康長壽這個奢侈需求，要多讀書。多讀1年書，壽命平均延長5個月。多讀書，除了投資健康資本會更有效率，穩定伴侶和增加收入對健康也有間接好處。顏如玉與黃金屋，最終亦會帶來更多萬壽菊。

識揀，揀讀書。唔識揀？先揀讀書！多讀書，你準備好讀下一節未？

第三節

健康，經濟學憑什麼？

我認識的經濟學者
奇怪地長壽。

殺人用的軍事經濟學
教你解讀數據

大教授張五常88歲，依然精神奕奕。他熟識的經濟學者朋友，還健在的夏保加99歲。已故的，佛利民活到94歲、艾智仁98歲、高斯和戴維德同樣是102歲。還有我兩位已故博士論文導師貝加和特爾沙，過世時分別是83歲和91歲。經濟學者談健康投資，就憑我們奇怪地長壽？

經濟學者在現實世界裏經濟以外領域同樣受到重視，我認為源自上世紀兩場傷亡慘重的戰爭。1919年，凱因斯發表了他的《和平的經濟後果》（*The Economic Consequences of the Peace*），重要、破格、準確。二次大戰後的馬歇爾計劃，除了歷史的教訓，多少是受到凱因斯這本名著影響。到了二戰期間，諾貝爾經濟學獎得主沙普利(Lloyd Shapley)除了懂博弈論，亦曾因成功破解蘇聯密碼而得過青銅星章。原子彈之父奧本海默的故事今天大家耳熟能詳，博弈論始創人馮諾伊曼(John von Neumann)在曼哈頓計劃的貢獻其實亦非常重要，這包括攻擊目標的選擇。

經濟學家在戰時選擇攻擊目標的貢獻是這樣的：不懂經濟學的人，曾建議攻擊生產被大量採用機件的廠房；懂經濟學的，卻認為攻擊軍備生產供應鏈中最難找到替代品的方為上策。原來，二戰時美國的軍事情報組織大量起用經濟學家，以在戰場上搜集到德國軍備上的序號(serial number)推測德國軍備生產量、以盟軍受損戰機的受損範圍及程度評估戰機哪個部位最脆弱等。佛利民生前便提過，假如發現所有受損戰機都在某個部位絲毫無損，這反而顯示這個部位一被擊中戰機便一去不返。佛利民在有份參與發展的序貫分析(Sequential Analysis)，即品質測試時先抽小量樣本，然後按這小量樣本的分析結果再決定是否繼續抽樣。當每個樣本測試成本不菲(如測試火箭推進器)，序貫分析比傳統固定樣本分析節省不少時間和金錢。

到了冷戰初期，張五常的老師艾智仁在蘭克公司(RAND Corporation)寫了一篇名為"The Stock Market Speaks"的備忘錄，一份剛完稿兩天後便被他的上司下令銷毀的備忘錄。股市會説話，這份備忘錄是關於氫彈(H-bomb)的研製，當時屬軍事機密。50年代初美國國防部開始試射氫彈，核分裂的原料是高度軍事機密，可能是鋰(lithium)、鈹(beryllium)、釷(thorium)等。看過寇比力克電影《密碼114》的朋友會有印象，電影中主角傳聞是參照蘭克公司的一個重要人物卡恩(Herman Kahn)設計的。在1954年3月著名的Castle Bravo試爆前幾個月，艾智仁在好奇心驅使下問卡恩核分裂的原料是什麼，卡恩的答案是無可奉告，艾智仁不服氣地回應"I'll find out"，之後他跑到圖書館，先蒐集生產這些原料的廠商資料，再分析這些公司的股價走勢。他發現在眾多公司之中，唯獨一間生產鋰的公司Lithium Corp. of America的股價升勢凌厲，艾智仁認定市場收到風鋰是用來製造氫彈的原料，於是怱怱地在1954年1月把分析結果寫成備忘錄。這備忘錄被迫銷毀後不久，史上破壞力最大以鋰作核分裂的氫彈成功試爆。Lithium Corp. of America的股價之後還持續升了好一陣子。

戰爭的經驗提醒大家，人命攸關的問題亦可以涉及取捨，經濟學大派用場憑的是我們擅長處理實驗室外殘缺不全的統計數據。而因為老化問題的研究往往不容易透過傳統實驗室方式進行，處理實驗室外殘缺不全的統計數據在21世紀的老化科學會變得愈來愈重要。

救人用的瘟疫經濟學 提你緊記取捨

考考大家，以下是讀研究員時芝大老師梅菲出過的以下一條經濟題：

You find a study that determines that adding fluoride to water supply would reduce tooth decay and save the population of the state $120 million per year in dental care costs. Based on this study and the knowledge that the costs of adding fluoride to the water supply is only $80 million per year you recommend that fluoride be added to the water. After the change is made you find that dental care costs fall only by $60 million and a follow up study determines that the shortfall is due to the fact that people now brush their teeth less (the earlier study had assumed that brushing would stay fixed). Should you rethink you decision in light of this new evidence?

食水加氟減少蛀牙，減少蛀牙節省牙科醫療開支。然而，食水加氟後牙科醫療開支的節省不似預期，這是否代表食水加氟是個物非所值的公共衛生干預？研究院一年級的題目，答案是需求定律之下市民選擇減少刷牙，得益其實大於原先估算。

是的，實驗室之外，人類的行為是不受醫生控制的，回到現實世界，我們的行為卻始終受着需求定律約束。從預防到治療，我們選擇上的取捨都影響着我們的健康，而健康亦不是人類唯一追求的東西。健康經濟學對醫療的一個重要貢獻，我認為是有關傳染病的流行。

傳統的流行病學，傳染病的散播是隨受感染的人上升作指數式增長，但往後增長又會因感染過而擁有抗體的人數上升而減慢。與眾不同的經濟學卻提醒大家，減少病毒接觸或接種疫苗等預防措施都是人類行為，因此都受着需求定律約束。正如食水加氟影響刷牙等預防蛀牙行為的成本效益，預防受感染的行為亦受社區感染率及死亡率影響，社區感染率及死亡率影響愈低，預防受感染的誘因便亦愈低。傳統流行病學漠視接種疫苗及其他自我保護誘因，會認為政府簡單推廣疫苗便可大幅減低感染率，卻不知感染率隨接種率提高而降低後，會削弱市民注意健康的誘因。説過了，人類的行為是不受醫生所控制的。一些傳染病有周期，原因之一正正是感染率降低會吸引人們會冒更大的健康風險。關於傳染病周期，愛滋病是個經典例子。80年代，不少科學家預測愛滋病的感染將在美國以指數增長上升。90年代初，芝加哥大學的兩位前輩Tomas Philipson和Richard A. Posner在*Private Choices and Public Health: The AIDS Epidemic in an Economic Perspective*一書力排眾議，以嚴謹的經濟理論推斷抗疫行為與感染率的關係會導致愛滋病感染出現周期。

因為資源有限，所以人命有價。30年後，港人經歷了3年防疫經驗的取與捨，我們今天比誰也清楚要病毒感染清零是談何容易。是的，預防還是治療等所有健康投資問題，都涉及投資年期、折現率、風險承擔、成本效益的經濟計算。健康投資的成本效益分析亦比一般金融投資複雜，因為當中又牽涉健康生命的價值估算和時間等非金錢投資成本。

罵人用的踢爆經濟學 助你分辨是非

行外人有所不知，學術圈經常亦即是非圈。「在過去五次經濟衰退中預言過九次」，末日博士是不少行外人對經濟學者的印象。醫學、生物學等，都比經濟學嚴謹？沒有風吹，沒有警察，沒有天眼，經濟學是唯一可事前推斷出鈔票會在什麼條件下不翼而飛的科學，物理學做不到，醫學和生物學亦做不到。當然，一些較複雜的現象，事前成功推斷亦較為困難。經濟學準確推斷經濟幾時衰退固然困難，但要醫學生物學準確推斷人類何時衰老其實亦絕不容易。白藜蘆醇抗衰老？是是非非，補充品廣告背後的科學爭議，經濟學者比一般人知得多！

收入分配加上意識形態，有關公共政策的是非經濟學司空見慣，尤其與性命攸關的政策。因為醫療改革問題，醫療是否奢侈品今天在經濟學界仍是有點爭議的。但過去幾十年最具爭議的一次討論，應該是有關槍械與罪案的關係。爭議風眼中的兩位學者我都認識，兩位都曾在我的學術研究事業上給過寶貴意見。十多年前Lott v. Levitt一案中，*More Guns, Less Crime: Understanding Crime and Gun Control Laws*的作者John Lott控告暢銷書*Freakonomics: A Rogue Economist Explores the Hidden Side of Everything*的作者李維特（Steve Levitt）。教過我寫文章的李維特發現墮胎合法化是過去數十年美國罪案率下降的一大原因，指點過我做研究的Lott卻支持攜帶槍械合法化有助減少罪案。從意識形態到學術誠信，爭議來自暢銷書其中一節踢爆有敗壞他人名譽之嫌：

Then there was the troubling allegation that Lott actually invented some of the survey data that support his more guns/less-crime theory. Regardless of whether the data were faked, Lott's admittedly intriguing hypothesis doesn't seem to be true. When other scholars have tried to replicate his results, they found that right-to-carry laws simply don't bring crime down.

案情重點是replicate一字。Lott的控訴是其他學者可透過相同的研究方法和數據複製他的分析結果，Levitt的自辯卻是其他學者無法證明(substantiate)Lott的發現。誰是誰非？多年以後美國廣大市民不會記得案件的判決，支持攜帶槍械合法化的人立場是不容易動搖的，經濟學的行家對槍械與罪案的關係卻早已心中有數。

因為司空見慣，當不能複製或證明、發表偏差(publication bias)等問題出現在醫學或生物學界時，經濟學對拆解是非爭議自然有比較優勢。白藜蘆醇之謎，是白藜蘆醇真的有助延長壽命嗎？2022年，一篇名為"Sirtuins Are Not Conserved Longevity Genes"總結學界過去廿年研究，踢爆被傳媒吹捧為「長壽基因」的Sirtuins名不副實，聲稱能激活「長壽基因」的白藜蘆醇亦沒有這個激活功能：

It was soon discovered that resveratrol does not activate Sirt1-dependent deacetylation of peptide substrates without the fluorescent reporter group. Further, in contrast to the initial report, resveratrol fails to extend lifespan of yeast or influence

Sir2 activity in vivo. Resveratrol was reported to extend lifespan in flies and worms by activating Sir2 homologs, but this effect could not be independently replicated.

白藜蘆醇之謎，是科學家成功預測過去五次衰老中其中九次！原來，透過蒼蠅或蠕蟲的實驗，白藜蘆醇激活「長壽基因」的功能根本不能被其他研究人員複製。預測衰老不比預測衰退容易，這篇文章的作者叫布倫納（Charles Brenner），是發現NR作為NAD+前體的生物化學家，亦是「不老藥」樂加欣（Tru Niagen）背後的大腦。

拆解長壽基因開關
白藜蘆醇之謎

白藜蘆醇之所以近年被吹捧為擁有激活「長壽基因」的功能，主要是多得另一本暢銷書*Lifespan: Why We Age — and Why We Don't Have To*。除了白藜蘆醇，這暢銷書還大力推廣NAD+的另一前體物質NMN，NR的主要競爭對手。作者辛克萊（David Sinclair）是位生物學家，知名度比我認識的李維特有過之而無不及。名氣大的原因之一，是這位學而優則商的哈佛教授在2004年創立了Sirtris Pharmaceuticals。Sirtris在2007年上市，當時的招股書這樣介紹這間生物製劑藥公司：

We are a biopharmaceutical company focused on discovering and developing proprietary, orally available, small molecule drugs with the potential to treat diseases associated with aging, including metabolic diseases such as Type 2 Diabetes. Our drug candidates are designed to mimic certain beneficial health effects of calorie restriction, without requiring a change in eating habits, by activating an enzyme called SIRT1, a member of a recently discovered class of enzymes called sirtuins. Over the past 70 years, scientists have shown that calorie restriction, or the reduction of normal calorie intake by at least 30-40%, extends lifespan in multiple species, including mice and rats. In addition, calorie restricted animals showed improvement in a number of factors associated with Type 2 Diabetes, including glucose levels, insulin levels and weight gain. Recently published animal studies, including articles in Cell and Nature in 2006, suggest that certain beneficial effects of calorie restriction are triggered by activation of SIRT1.

Scientific literature suggests that resveratrol, a natural substance found in red wine and other plant products, activates SIRT1 and confers certain beneficial effects of calorie restriction without requiring a reduction in normal calorie intake. *Our most advanced programs are focused on developing activators* *of SIRT1 and include SRT501, our proprietary formulation of* **resveratrol***, that is in Phase 1b clinical trials for Type 2 Diabetes. We have also discovered several novel small molecules, structurally distinct from* **resveratrol***, that activate SIRT1 in animal studies. We believe these novel small molecules may be attractive drug candidates although we have not yet tested them in humans.*

We believe we are the leading company focused on discovering and developing drug candidates that target sirtuins, and, in particular, drug candidates that mimic certain beneficial effects of calorie restriction by activating SIRT1. However, neither we nor any other company has received regulatory approval to market products that target sirtuins. Our scientific founder and members of our scientific advisory board include many of the leading researchers in the sirtuin field. We own or exclusively license over 100 patent applications pertaining to sirtuins and their role in diseases of aging. Members of our management have previously advanced more than 20 small molecule drugs into clinical trials and played key roles in developing several FDA-approved drugs.

白藜蘆醇，在以上一段文字出現過三次！而穩定性和生體可用率（bioavailability）較佳的SRT501，便是招股書強調研發中的白藜蘆醇專有配方：

We believe that resveratrol lacks the stability and bioavailability necessary to produce optimal therapeutic effects. We are developing SRT501 as a stable and bioavailable formulation of resveratrol that we believe is suitable for pharmaceutical development. Using SRT501 in mice, we are able to achieve an average of almost four times the level of resveratrol in the blood compared with administration of unformulated resveratrol, after adjusting for differences in dosage levels. In animal models of Type 2 Diabetes, SRT501 reduces weight gain, fasted glucose levels, and fed insulin levels, although these results have not been shown, and may not be achieved, in humans. In 2006, we completed two Phase 1a studies in healthy male volunteers using SRT501, and, based upon favorable results, initiated two Phase 1b studies in Type 2 diabetics using SRT501. SRT501 has also demonstrated an ability to increase the function of intracellular structures called mitochondria in mouse skeletal muscle, and may be suitable as a therapy for rare mitochondrial diseases, such as MELAS.

憧憬SRT501在實驗小鼠的健康益處，應用在人類身上同樣有效。上市後，Sirtris的市值達過億美元，一年後大藥廠GSK（GlaxoSmithKline）更出價7.2億美元收購。收購那一刻，應該是說好法國故事的最高峰吧。

1987年，一篇以法文發表的研究文章"Coronary Risk Factors. The French Paradox"初次提出「法國悖論」這個概念：法國大餐的食用膽固醇及飽和脂肪相對豐富，但法國人的冠狀動脈心臟病發病率卻出奇地低。為什麼？答案是——酒。然而，可能由於用法文發表關係，飲酒是否有益心臟未有引起公眾廣泛討論。1991年，美國新聞節目《60分鐘時事雜誌》報道了法國悖論，紅酒開始被大眾視為健康飲品。據報道，節目播出後紅酒銷量激增了四成！儘管之後整個90年代，多份學術研究質疑法國悖論根本是數據解讀錯誤，電視廣播的威力已深入民心。

17年後，《60分鐘時事雜誌》重訪法國悖論，更請來辛克萊解釋紅酒裏白藜蘆醇的功效：

Yeasts are one thing, human beings are more complicated. So Sinclair focused on a gene present in almost all life forms: the sirtuin gene. It's normally inactive, but when it is active, Sinclair believes it triggers a survival mechanism that extends life. Convinced that something in nature could activate that gene, Sinclair randomly tested thousands of compounds and got a hit: resveratrol.

説好法國故事，暢銷書之前還要靠電視廣播。擅長處理實驗室外殘缺不全統計數據的經濟學，當然老早就質疑法國悖論是數據解讀錯誤，加上相比實驗建議的，每杯紅酒能提供的白藜蘆醇實在太少，因此即使含有白藜蘆醇的紅酒是健康飲品，法國人亦沒有可能飲用足夠分量而獲得明顯的健康效果。

辛克萊與布倫納的一場對決，從法國悖論到白藜蘆醇之謎，是市場失效（market failure）嗎？經濟學又如何拆解？文人相輕，NMN對NR同行更是如敵國。沒有誰比誰更高尚，辛克萊卻又一直拒絕直接回應布倫納的踢爆。另一方面，透過傳媒訪問及暢銷書的推波助瀾，辛克萊的影響力一直是佔盡上風。有留意市場的讀書人，卻一早聽過學界對白藜蘆醇和「長壽基因」的質疑（當中亦包括來自GSK的商業對手輝瑞），我們亦一早知道説好法國故事背後的「激活功能」從來不是來自人類的臨牀實驗。翻查紀錄，2008年GSK收購Sirtris，收購價比市價高出接近一倍。2009年陸續有研究質疑白藜蘆醇激活「長壽基因」的功能，研究不能複製或證明的説法從這時開始。2010年GSK中止了招股書強調過的SIRT501的研發，對外聲稱是副作用問題。2011年的一次訪問中，Sirtris的執行長對《紐約時報》表示"We have much more confidence that we are targeting SIRT1 and that it's an important target. Resveratrol is not that important anymore."2013年GSK把Sirtris關掉，並將其研究團隊納入GSK。

經濟學都記得，股市會説話。2008年GSK的股價大跌，金融海嘯當然是原因之一。但海嘯之後，大市在2009年起便強勁反彈，GSK卻一直跑輸大市，亦無法重回收購Sirtris前的高位。

白藜蘆醇之謎，在藥品市場似乎成了白藜蘆醇泡沫，而正當泡沫爆破之際，辛克萊原來參與了行內公認為最客觀最嚴謹的實驗室長壽研究「干預測試計劃」(Interventions Testing Program，簡稱ITP)，測試白藜蘆醇的延壽功效。研究結果在2011年發表於"Rapamycin, But Not Resveratrol or Simvastatin, Extends Life Span of Genetically Heterogeneous Mice"。顧名思義，結果顯示實驗中只有雷帕霉素具延壽功效，白藜蘆醇和降血脂藥物辛伐他汀(simvastatin)皆無助延長實驗室小鼠的壽命。之後，另一ITP實驗提前讓小鼠出生後4個月(之前實驗在小鼠出生後12個月)服用白藜蘆醇，但結果再次證明無效。

真正的白藜蘆醇之謎，我認為是這個：十多年後的今天，市場還是普遍認為白藜蘆醇乃不老神藥，只有少數讀書人知道來自復活島的雷帕霉素才是最具延壽潛力的天然化合物。

結語

暢銷書籍加上電視廣播，如今還有門檻低得多的互聯網健康KOL。真真假假，有關健康長壽的資訊從未如此氾濫過。

投資健康，白藜蘆醇的價值何在？研究私人市場和政府監管的經濟學提提你，白藜蘆醇至今仍不是美國食品藥物管理局（FDA）通過隨機對照試驗證明有激活長壽基因功能的藥物，市場上流通的都是監管寬鬆得多的補充品。白藜蘆醇的生體可用率是一大挑戰，但這又並不代表白藜蘆醇對健康完全沒有好處，只是你需要懂得解讀有關白藜蘆醇效能和安全的實驗研究。

試想，吸煙會危害健康嗎？醫生的答案幾乎是肯定的。然而，自1950年的經典研究Wynder and Graham Study，分析吸煙與肺癌因果關係的從來都不是醫學界黃金標準的「隨機雙盲安慰劑對照試驗」（Randomized, Double-blind, Placebo-controlled Trial）。是的，流行病學以至營養學中很多因果關係，都不能夠以最高標準的臨牀對比研究試圖推翻。而事實上，有吸煙的人從來沒有患上肺癌，亦有患肺癌的人從來不吸煙。準確一點説，從觀察性研究（observational study）我們推斷，統計上吸煙會增加肺癌的風險。

以觀察性研究去探求真相，正正是經濟學的比較優勢。作為消費者，當醫療技術不斷改進，隨着價格下跌，你會愈買愈多。當醫療是奢侈品，隨着收入增加，你亦會愈買愈多。當你會愈買愈多，你便更負擔不起愈買愈錯。作為投資者，當你的物質生活愈豐富，懂得投資長壽的回報便愈高。當你愈長壽，懂得投資健康壽命的回報便亦愈高。經濟金融加健康醫療有無得諗？21世紀的醫藥新紀元，容許我們針對老化問題而非單單個別慢性疾病。衰老問題卻為傳統的臨牀實驗帶來新挑戰，因為以死亡作為實驗終點在實驗執行上非常困難。讀書延年益壽，讀經濟學的效果可能更佳！擅長處理實驗室外殘缺不全的統計數據、毋忘影響健康行為的取捨都受需求定律約束、習慣參與性命攸關是非爭議的辯論，憑這三項比較優勢，經濟學讓讀書人透過價值分析為自己賺取更高的健康投資回報。

第二章

得一想二的
健康需求法則

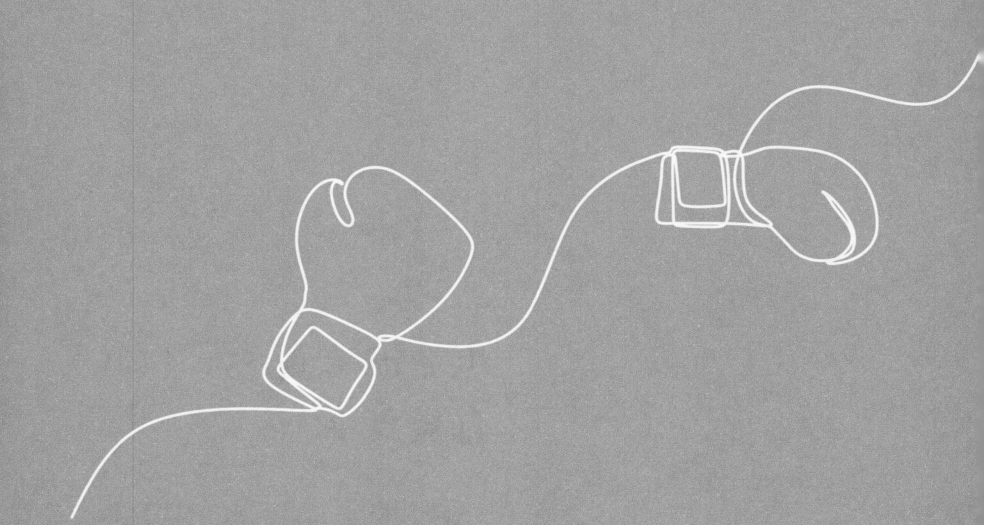

第一節

健康需求
從生命價值說起

生命誠可貴。
有幾貴？

一副身家
買一線生機

讀研究院時，一位師兄發現，患有亨廷頓舞蹈症（Huntington's Disease）這種遺傳性腦部疾病的人，除了減少投資教育，他們亦較容易養成吸煙等加速健康資本貶值的生活習慣。是的，金融世界的價值投資，着重內在價值等基本分析，亦強調長線投資。健康領域的價值投資，同樣着重生命價值的基本分析。視乎因人而異的成本效益，長線預防卻不一定勝於短線治療。

作為奢侈品，醫療開支終究想換取的其實是壽命（lifespan），尤其健康壽命（healthspan），亦即生命的量和質。人命有幾奢侈？說過了，往往被評為成效不大的臨終照顧，開支佔整體醫療兩成甚至更多。醫療是奢侈品，因為有錢最怕無命享，生命的量和質是相輔相成的互補關係，質愈高，量的需求量亦隨之增加。人命矜貴，長壽奢侈其實不足為奇。問題來了，想健康，但又怕過分奢侈，個人應該花多少收入在治療為主的醫療？又應該花多少去培養預防為主的健康生活習慣？認真回答這問題，我們要先從微觀角度分析人命之價。

也說過了，先進國家的醫療負擔一般約為10%，香港的低一些只佔約7%，而美國的數字一向最奢侈，佔GDP一成半有多。然而，從個人生命周期角度看，醫療佔收入比例上落可以很大。人出生一年之後，兒童的醫療開支普遍偏低，開支之後緩緩隨年紀上升，50歲後更以指數式增長。不難想像，相比年輕的，社會上最年長的一群在醫療的開支是數以倍計的。有研究指，以美國85歲的長者為例，他們餘生花的醫療開支佔一生人的總醫療開支約三分之一！由於個人收入一般會在退休後大幅減少，花一成收入在醫療，年輕時可能太多，年老時卻又可能太少。

近年美國醫療改革的一個爭議，便是花在臨終照顧的醫療開支並非物有所值。然而，正正是因為生命的質和量的互補關係，而錢又帶不進棺材，當生命只有一線生機，用全副身家去換取一線生機可以是個理性選擇。換句話，人之將死，生命之價就是個人的全部財富！把全副身家放在往往成效不大的臨終醫療開支，比例當然容易超過收入的兩成。現實世界，至少有兩個原因導致臨終的醫療開支偏離個人財富。首先，有錢兼有子女的，可能想把部分財產留給下一代。另外，貧窮但有家人的，家人往往願意承擔這臨終照顧。一減一加，臨終時生命之價和臨終時的醫療開支隨個人財富累積而增加，大致上是對的。由於長者尤其臨終時的醫療負擔特別大，我們因此亦特別有需要學懂如何將差不多傾盡家財的負擔使得其所。

要錢定要命？人之將死，其命也貴，這個時候以治療換取一線生機比任何事都來得重要。然而，人生其餘絕大部分時間，我們都面對着不同程度的死亡風險，而這些風險往往是有價有市的。多了解這些風險的成本，有助我們作出更合乎成本效益的健康選擇。

一條人命值 7800 萬

假如生命無價，你不應吸煙，亦不該乘車。假如你敢冒交通意外之風險，we are now merely haggling over the price!

考考大家。以下一條題目是我當芝大老師梅菲的助教時，我們給學生練習的：

Assume that independent research discovers that consumption of your company's daily vitamin (at a one tablet per day dosage) reduces the risk of cancer by about 2% and that other research has established that people are willing to pay about $2,000 per year to eliminate their risk of cancer. Assume that sales of vitamins are currently 100,000 bottles per year. How much would wide-spread knowledge of this research increase the demand for your company's product if a 50 tablets bottle *of vitamins sells for $80 and the elasticity of demand for your company's vitamins is -2.0?*

當經濟學遇上醫學，可以降低癌症風險的維他命究竟值幾錢，應該買幾多？價格、需求彈性，還有最重要的願付免除癌症風險的價格，都是回答這問題需要知道的參數。當中，每年願意支付2,000美元免除癌症風險的估算，是基於經濟學中「統計生命價值」(Value of Statistical Life，簡稱VSL)這概念。老師梅菲當年獲得俗稱「天才獎」的MacArthur Fellowship時，這樣向記者解釋：

What we do is based on how people make choices, whether it's choices about whether to smoke or not or whether to take a dangerous job or not or whether to buy a safer car or a less safe car. I mean, these are choices that people make every day that affect, you know, their life expectancy, and affect risks that they take of death in any given situation. And so we try to use that kind of evidence to say, "What does people's behavior tell us about how much they value longevity?"

是的，危疾以外，我們每天還面對着其他不同程度的死亡風險，透過職場或其他消費品市場有關這些微細死亡風險的選擇，生命在邊際上的取捨是健康經濟學一個非常重要的參數。

不是紙上談兵，統計生命價值在美國是應用在食品藥物管理局（FDA）、環境保護局（EPA）等政府機關，在推行重大公共政策前，必先進行成本效益分析。每當政策涉及死亡風險邊際上的改變，成本效益分析需要計算風險改變帶來的成本或效益。經通脹調整後，一條命值1,000萬美元，大約是今天美國環境保護局分析影響空氣污染等環保政策時採用的統計生命價值數字。這個數字的正確解讀是：當100,000人每人被問願意付出多少來換取一年內死亡風險下降1/100,000，假如答案是平均100美元，這群人總共願意付出100×100,000 = 1,000萬美元，就是統計生命的價值。芝大經濟學派最早提出的估算方法，是假如市場上工人要求每年1,000美元的工資溢價，才願意接受工作期間1/10,000的意外死亡機率，統計上每10,000個工人導致每年一宗意外死亡，統計生命價值便是1,000×10,000 = 1,000萬美元。

要錢定要命？奉行價值健康投資，生命價值高低是最重要的基本因素考慮。降低死亡風險一點，從統計角度去算壽命便會長一點。於是，雖說生命誠可貴，有時愛情價更高。除非在死亡邊緣，統計上一條人命值1,000萬美元（亦即約7,800萬港元），算不上天文數字。

現在回答可降低癌症風險的維他命那條經濟學練習題，降低癌症風險2%價值是每年2,000×0.02 = 40元，亦即每日40/365 = 0.11元，又或每樽維他命0.11×50 = 5.48元。5.48元相等於減價7.1%，於是維他命的需求將增加7.1%×2.0 = 14.2%。

人命有分貴賤？

因為政治不正確，美國政府各部門進行性命攸關的政策成本效益分析時，一般拒絕承認人命有分貴賤。1,000萬美元的統計生命價值，在經濟學眼中卻只是個平均數。

根據價格理論，個人每年的生命價值，視乎個人收入和消費，而即使退休人士個人收入為零，其生命價值亦會隨退休生活的吃喝玩樂而提升。再從個人生命周期角度看，個人每年的生命價值隨收入的起落先升而後跌，高峰值發生在50歲左右，既是收入和生產力的最好時期，亦是健康高峰過後慢性疾病接踵而來的最壞時期。生命價值隨收入下跌，多少其實反映健康壽命背後的健康資本已開始貶值。向前看，餘生的統計生命價值亦是先升而後跌，高峰值因折現發生在30多歲。於是，即使

在個人層面，統計生命價值亦不是一個常數，而是隨收入改變的一個變量。

儘管生物學界對健康期壽命的量度甚至定義還未取得共識，經濟學提出生命價值這概念時已考慮到壽命健康與否的影響。於是，不同年紀不同收入的每一個人，都有其不同的統計生命價值，而每個年紀的人，收入愈高其統計生命價值便亦會愈高。

人命是否奢侈品？是近年經濟學界一個爭議不少的問題。最新的研究發現，統計生命價值的收入彈性大於1。

幫吸煙的健康成本算算帳

半世紀前，透過健康資訊在市場散播，讀書人在控煙前戒煙。因為人命矜貴，本來是煙民的讀書人放棄吸煙的享受，是健康成本高於享受效益的計算。半世紀後，透過統計生命價值的估算，我們可以更準確分析吸煙的健康成本。

說過了，個人每年的生命價值隨收入的起落先升而後跌。另一方面，吸煙導致死亡率上升，在煙民踏入中年後尤其顯著。於是，把生命價值和死亡率兩個隨生命周期改變的變數一起分析，經濟學者能夠推算出因吸煙而放棄的生命價值。

吸煙今天的享受，是放棄未來的壽命。於是，推算吸煙的健康成本，答案視乎煙民對未來的重視程度。一篇名為"The Mortality Cost to Smokers"的研究文章發現，缺乏耐性的煙民

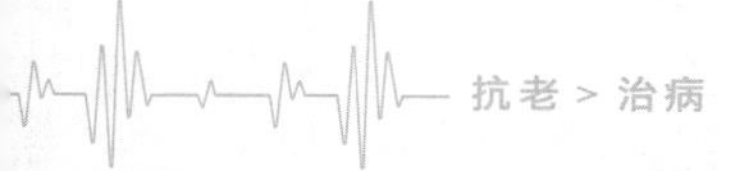

（折現率15%），折現後每包煙的健康成本不到25美元，但重視未來的（折現率3%），每包煙的健康成本可以超過200美元。是的，讀書人在控煙前戒煙，除了掌握資訊的優勢，培養耐性亦是原因之一。

結語

對於患有亨廷頓舞蹈症這種遺傳性腦部疾病的人來說，由於自知壽命比一般人短，預期生命價值比一般人低，預防慢性疾病的投資回報自然又比一般人低得多。養成吸煙等破壞健康資本的生活習慣、減少投資教育，都是成本效益計算之下的價值健康投資策略。

對於沒有患亨廷頓舞蹈症的其他人來說，一條人命平均值1,000萬美元，而且收入愈高人命便愈值錢。到了人之將死，人命只會更矜貴。政治未必正確，但經濟符合事實。經濟事實就是，當人命愈矜貴，有效提升壽命的醫療便愈值錢。從宏觀政策角度，1,000萬美元一條人命有助政府計算性命攸關的公共政策的成本效益。從微觀個人角度，1,000萬美元一條人命有助我們籌劃價值健康投資策略。

第二節

20世紀
健康資本論

年紀大，機器壞。

醫療是一種資本投資

馬克思搞錯了！經濟學上凡可導致收入的都算是資本，而收入折現後的現值就是資本值，也是資本的市價。機器是資本、知識是資本，健康當然也是資本，這些資本都會帶來收入，把收入以利率折現就是資本值了。馬克思的理論，不僅沒有正確的資本及利息概念，亦忽略知識等人力資本。無產階級，在知識型經濟的今天還存在嗎？

是的，知識就是力量，健康就是財富，把資本的概念一般化，強調人力資本是芝加哥經濟學派的一大傳統。機器等傳統資本，需要投資，亦會貶值。相比傳統資本，知識等人力資本又有兩大特質：其一，投資時往往需要投入大量投資者的時間，不容易假手於人；其二，人力資本和投資者是密不可分的，流動性低的人力資本宜租不宜賣。投資知識，每多讀1年書的工資回報率平均上升10%。投資健康呢？

1972年，現代健康經濟學的主要始創人高士文發表了他的"On the Concept of Health Capital and the Demand for Health"，首先嚴謹地視健康為資本：

> *The aim of this study is to construct a model of the demand for the commodity "good health."* ***The central proposition of the model is that health can be viewed as a durable capital stock that produces an output of healthy time.*** *It is assumed that individuals inherit an initial stock of health that depreciates with age and can be increased by investment. In this framework, the "shadow price" of health depends on many other variables besides the price of medical care. It is shown that the shadow price rises with age if the rate of depreciation on the stock of health rises over the life cycle and fails with education if more educated people are more efficient producers of health. Of particular importance is the conclusion that, under certain conditions, an increase in the shadow price may simultaneously reduce the quantity of health demanded and increase the quantity of medical care demanded.*

需要投資，亦會貶值。從人力資本的角度出發，健康資本的投資可以被視為一個生產過程，生產的投入包括「食、玩、瞓、郁」四大健康支柱(飲食、心情、睡眠、運動)，還有我提出的第五大支柱「讀」(讀書)，都是經濟學研究範疇裏的選擇行為。除此之外，當然少不得開支佔先進地方GDP比例一成的醫療。人力資本理論強調，人力資本投資的生產過程需要結合市場提供的各種投入和投資者本身的時間。以健康投資為例，運動和睡眠都要求投資者投入自己的時間。同樣作為人力資本，健康和知識的主要分別是後者可提升我們工作時的生產力，而前者卻又能延長我們可以工作及玩樂的時間。

概念上，健康資本又可劃分為有關壽命和健康壽命兩種資本。七孔流血還七孔流血，死還死，兩回事嚟嘅。重量的壽命資本，早在有效的「不老藥」成功研製前，經濟學原來已開始分析消費者如何選擇壽命的長短；重質的健康壽命資本，早在生物學者對健康壽命的定義取得共識前，經濟學原來亦已開始利用自覺健康狀況(self-rated health)數據去分析健康壽命減低患病機率之餘亦提升工作時的生產力。於是，健康的需求既直接來自消費，亦間接來自投資。

資本投資的選擇，從來是邊際上成本與效益的平衡。健康資本的經濟成本，一方面隨知識水平提升而下降，另一方面又隨生物學的老化過程而增加。教育提升累積健康資本的能力，因此長命多是讀書人。衰老，卻最終會加速健康資本的貶值。就如機器壞，健康資本隨生命周期愈來愈貴，健康資本需求量下降，需求彈性問題卻可以導致醫療開支不跌反升。

治療勝於預防的健康世紀

預防勝於治療（英文諺語亦有An ounce of prevention is worth a pound of cure），是一種投資策略，不一定對。

當健康是一種資本，從資本投資的角度出發，預防是否勝於治療，看的是回報，亦即是要比較投資時的成本和將來效益的折現值。健康資本可劃分為有關壽命和健康壽命的兩種資本，累積健康資本的投資亦可劃分為預防（prevention）和治療（treatment）兩種投資。一般來說，預防性投資傾向累積健康壽命資本，而治療性投資傾向累積壽命資本，儘管治療不等於治癒（cure）。

預防不一定勝於治療，尤其當預防的成本太高、將來的效益太遙遠。換句話，當有效治療的成本足夠低，治療可以勝於預防！另一方面，預期壽命愈短的人，愈不願意替健康資本作出為長遠未來準備的預防性投資。讀書人，卻不會只集中投資於治療的健康資本，原因除了長命多是讀書人，讀書人生病時間的機會成本亦因生產力提高而上升。注重飲食、多做運動、拒絕吸煙，是讀書人作出預防性健康投資的明顯例子。

是的，預防不一定勝於治療。新冠疫情是個好例子，注射新冠病毒疫苗，是預防的健康投資。口罩、社交距離等，都是預防的健康投資。與病毒共存，就是從預防轉向治療的健康投資政策改變。為什麼？當預防的成本太高，預防不一定勝於治療。

更重要的例子，是一個世紀的健康回報。上世紀的流行病學轉變，從威脅較年輕一輩的傳染病轉變到威脅較年長一輩的慢性疾病，背後其實是成功健康投資的轉變。上半個世紀，天花等傳染病的疫苗，加上清潔食水和污水處理等公共衛生設施的投資，預防的健康投資成功地大大降低嬰兒及兒童死亡率。

治療方面，盤尼西林的發現當然亦令健康期和壽命的資本可以從小累積。

二戰後的下半個世紀，是個頭痛醫頭腳痛醫腳的世紀：因為重量多於重質，所以治療勝於預防，甚至治標不治本。心臟病、心血管疾病、各種癌症治療的壽命資本投資，是中老年人死亡率明顯下降的主要原因，平均壽命因死亡率下降而延長，健康壽命卻未有重大改進。今時今日，歐美的先進國家平均只花約3%的醫療開支在預防投資。由於低收入國家未能負擔最先進的有效治療，比例上有錢人花在預防的健康投資反而及不上其他人。

投資心臟病治療得萬億回報

說過了，美國一個世紀的健康回報，男性出生時的預期壽命由上世紀初的45歲上升至上世紀末的近75歲，女性出生時的預期壽命亦由近50歲上升至近80歲。A Million Dollar Question：試想，一個剛三十而立的人，預期壽命從35歲增至46歲，他會選擇這11年的預期壽命增長，還是選擇100萬現金但維持一個世紀前的健康？

不容易的選擇。1,000萬美元一條人命，11年的壽命價值大約就是100萬美元。宏觀地看，一個世紀的健康回報，價值上跟一個世紀的經濟增長有過之而無不及。而一個世紀的健康改進最大贏家，是受惠於預防疫苗和公共衛生設施投資的嬰兒及兒童，出生時30年的預期壽命增加價值約為200萬美元！

一個世紀的流行病學轉變，扭轉了預防勝於治療的趨勢，成功的治療投資，大大減低了心臟病、心血管疾病、各種癌症等病發的死亡率，在治療勝於預防的下半個世紀，治療心臟病使人長命了3年半，加上中風和心血管疾病的治療更一共帶來約5年的預期壽命增長。

治療勝於預防的贏家，主要是40至60歲的人。單單是70年代起，50歲人士的預期壽命增加了超過5年，這30年間預期壽命增加為美國人口帶來的價值便是每年超過3萬億美元，而當中一半是由治療人類頭號殺手心臟病所得。

每年數以萬億計的健康回報，當然不是從天而降的。芝大老師梅菲的研究估計，70年代起30年間的治療勝於預防，死亡率下降帶來的總價值達95萬億美元，而醫療投資總額只約為34萬億美元，即30年間的淨回報為61萬億美元！

當癌症殺不死我們，治療失智更值錢

上世紀末治療頭號殺手心臟病、中風和心血管疾病的投資，成功降低死亡率帶來約5年的預期壽命增長。無奈，人終歸總要死一次。What doesn't kill you makes your demand stronger! 這裏説的需求，是對其他危疾治療的需求。

20世紀健康資本論的最重要的一個經濟啟示，我認為是健康投資的回報遞增(increasing returns)。這回報遞增，是源於不同健康資本投資之間相輔相成的互補關係(complementarities)。醫學統計學的分析，有競爭風險(competing risks)這個概念。什麼是競爭風險？亨廷頓舞蹈症和其他危疾是競爭風險的例子，之前提及患有亨廷頓舞蹈症的人，會較容易養成吸煙等破壞健康資本的生活習慣。除此之外，患亨廷頓舞蹈症的人亦較少及早進行癌症檢查。

芝大前輩Tomas Philipson跟他同事的研究文章"Disease Complementarities and the Evaluation of Public Health Interventions"亦提供了一個非常有趣的實例。初生嬰兒破傷風一般是由臍帶不潔處理導致破傷風桿菌感染而引起，破傷風不會人傳人，但感染後死亡率可高達80%。研究發現，向發展中國家引進破傷風疫苗，除了直接挽救了感染破傷風的初生嬰兒的生命，亦間接令嬰兒之後更健康，原因是破傷風的風險大減後母親會更願意為子女作其他健康投資。

更重要的例子，頭號殺手心臟病和第二號殺手癌症也是競爭風險。於是，當治療心臟病的投資愈成功，我們能生存到60歲的機會便愈高，我們面對各種癌症的風險亦將會愈大，結果是大大增加了我們對預防及治療各種癌症的需求。同樣道理，當癌症殺不死我們，阿茲海默症(Alzheimer's Disease)和柏金遜症(Parkinson's Disease)等神經退化疾病的預防和治療只會變得更值錢。

儘管是頭痛醫頭腳痛醫腳，不同健康資本投資互補關係所產生的回報遞增，我稱之為健康需求得一想二法則，這法則其實是醫療負擔不斷增加的原因之一。

煙民三害風險自己埋單

吸煙長三害。三害者，即心血管疾病(包括心臟病及中風)、癌病、神經退化疾病三大危疾。吸煙增加三害風險，這三害以及其他吸煙無關的疾病卻又是競爭風險。於是，拒煙或戒煙都會延遲或增加其他競爭風險醫療開支的需求，而這一點有重要的控煙政策含意。

沒有讀懂經濟學的反煙人士不時質疑，煙民的公共醫療開支由其他市民負擔並不公平，尤其當整體社會醫療開支因成本上升而變得愈來愈高。得一想二的健康需求法則卻提醒我們，凡殺不死我們的，必使我們對其他危疾有關的醫療開支需求更強大。

原來，80年代，經濟學界已提出煙民沒有為醫療系統帶來額外負擔這論點。説過了，上世紀的流行病學轉變，是從威脅

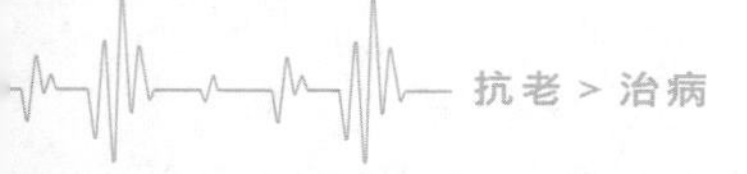

較年輕一輩的傳染病轉變到威脅較年長一輩的慢性疾病。而這些慢性疾病，包括與吸煙有關的肺癌等和與吸煙無關的其他慢性疾病。是的，吸煙導致的危疾往往提早奪去煙民的生命，而治療吸煙導致的危疾，費用亦愈來愈高。問題是，競爭風險之下治療其他危疾的費用同樣是愈來愈高，於是煙民的醫療開支依舊靠自己埋單。

得閒肥胖
唔得閒代謝健康

肥胖(obesity)亦長三害。近年更有研究指出，肥胖導致的醫療成本比吸煙的還要高！是的，肥胖和吸煙都是有關三害最重要的可改變風險因素(modifiable risk factor)。

可改變，皆因行為所致，於是又是經濟學的問題了。而肥胖當然又是流行病學問題，因為肥胖跟代謝綜合症(Metabolic syndrome)關係密切。代謝綜合症，指的是身體中能量的利用和儲存功能出現了問題。代謝綜合症涵蓋五大與胰島素抗性(insulin resistance)相關的心血管疾病危險因素，包括中央肥胖、高血壓、高三酸甘油脂、過低的高密度膽固醇、空腹血糖偏高等問題。跟三害不同，代謝綜合症本身的致命率不高，它卻像吸煙般大大提高三害以及二型糖尿病(Type 2 Diabetes)、脂肪肝(Non-Alcoholic Fatty Liver Disease，簡稱NAFLD)等其他慢性疾病的風險。於是，成功預防及治療代謝綜合症，對健康投資而言何止一次過滿足三個願望。

說過了，人力資本理論強調投資者的時間投入。投資代謝健康，「食玩瞓郁讀」這健康五大支柱都需要時間投入。原來，除了注意飲食，充足睡眠尤其多做運動都是有效預防及治療代謝綜合症的方法。至於勤讀書的健康效果，下一節再詳細分析。

解釋二戰後肥胖症的流行，經濟學的答案是：一方面食物價格大降，另一方面體力勞動成本大增。快餐的盛行、家中準備住家飯的時間大減，都是一個世紀工資上升的市場回應。當時間隨工資上升愈來愈寶貴，工作性質又變得勞心不勞力，投資代謝健康亦變得愈來愈奢侈？一個世紀的時間管理，從最宏觀的角度看，儘管消閒娛樂的時間有所增長，未退休的成年人平均還是花大約三分之一時間在市場工作、三分之一時間睡眠，還有三分之一時間在市場以外的活動，這包括家務、運動、消閒娛樂等等。換句話，宏觀來說我們投資在運動或睡眠的時間未有重大改變。

另外，一個世紀的時間管理男女有別，女性在市場工作的時間長了，做家務的時間短了；男性在市場工作的時間短了，消閒娛樂的時間長了。家務時間縮短，理應可以換來多一點時間做運動，現代人投資健康的時間卻沒有如投資健康的金錢一樣大幅增加。有關健康的時間管理，一個世紀的讀書人多了，14至24歲的人工作時間大減，這個大減主要是上學的時間大增所致，而多讀書是有效投資健康的間接方法。讀書好於是工資高，工資高卻有睡眠少的健康代價。

最後，儘管整體來説消閒娛樂的時間長了，這些額外的消閒娛樂時間用來做運動還是看電視卻有截然不同的健康含意。今天，美國人平均每天花近3小時看電視，當中21至30歲的年輕男性每天平均亦花近1小時在電子遊戲等電腦消閒娛樂上，增幅遠遠跑贏整體消閒娛樂時間的增長。然而，今天美國人卻只花約17分鐘做運動，比疾病管制與預防中心建議的低。

在預防敗給治療的20世紀，當醫療負擔不斷增加，時間管理卻輕視了預防代謝綜合症的時間投資。

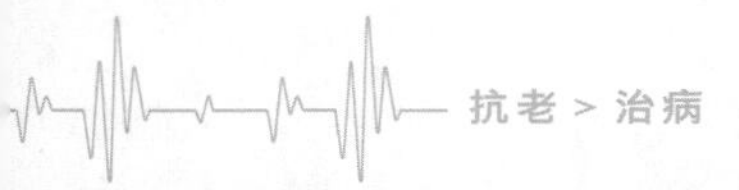

20世紀讀書減三害

20世紀，是最好的年代，亦是最壞的年代。

最好的年代，自上世紀70年代起三十年間的治療勝於預防，50歲人士的預期壽命增加了超過5年，價值每年超過3萬億美元，當中一半是由治療人類頭號殺手心臟病所得。踏入21世紀初，心臟病依然是人類頭號殺手。1990至2015年，美國人的預期壽命增加了3年多，當中超過一半是心臟病的死亡率下降所致。經濟學界估計，過半的心臟病死亡率下降是多得史他汀（statins）等降血脂藥如和其他降血壓藥物的普及使用。最壞的年代，隨着代謝健康轉差加上人口老化，壽命與健康壽命愈行愈遠，單靠更廣泛使用這些藥物治療只會導致人類晚年的生活質素每況愈下。

溫故知新，20世紀的治療勝於預防其實並非沒有例外，而這個例外對新世紀的健康資本有重要啟示作用。從3%預防投資到17分鐘運動，都是平均數。長命多是讀書人。讀書人在控煙前戒煙的例子，反映讀書人特別注重預防投資。

讀書人少吸煙。吸煙，是心血管疾病一大風險因素，讀書人於是面對較低三害之首的風險？上世紀初推行的義務教育制替讀書人添壽，讀書人究竟做對了什麼？研究文章"Educational Attainment and Cardiovascular Disease in the United States: A Quasi-Experimental Instrumental Variables Analysis"發現，義務教育制之下讀書明顯降低心血管疾病風險，而數據顯示三害之首的風險降低，原因除了讀書人少吸煙，亦可能與讀書人少抑鬱和改善高密度膽固醇有關。

讀書人早驗身。健康需求得一想二，讀書降低癌病，是因為讀書人較快速地有效掌握健康新資訊，還是因為讀書人對健康新資訊作出較大的投資回應？就此問題，我另一位芝大師兄Fabian Lange做過一項非常值得參考的研究。這項名為"The Role of Education in Complex Health Decisions: Evidence from Cancer Screening"的研究文章發現，讀書人能夠作出更好的健康投資選擇，首先是他們能夠較快速地有效掌握健康新資訊，了解自己的患癌風險和處理方法，之後他們亦會透過行動回應這些健康新資訊，例如以癌症篩查進行預防性的健康投資。另外，師兄和他同事的另一研究發現，自70年代起，吸煙、肥胖、三高等都不能足以解釋教育導致健康差距擴大的新趨勢。醫療科技日新月異，較複雜的最新預防和治療癌症方法，讀書人都比較普遍使用，這是讀書人健康投資的回報不斷上升吧。

讀書人多用腦。讀書減害二不離三，在1998年發表的"Alzheimer's Disease: Etiologies, Pathophysiology, Cognitivereserve, and Treatment Opportunities"中提出：The concepts of cognitive reserve and symptom thresholds may explain the effects of education, intelligence, and brain size on the occurrence and timing of AD symptoms. 今天得到多種實證支持的「認知儲備假說」(Cognitive Reserve Hypothesis)，其含意是認知儲備充裕可減慢認知障礙症病發率和認知倒退速度，而讀書多用腦，正是累積認知儲備的有效方法之一。果然，

一篇名為"A Comparison of the Prevalence of Dementia in the United States in 2000 and 2012"的研究文章顯示，2012年65歲或以上人口平均比2000年的多讀約一年書，他們患失智病的比例(8.8%)比少讀一年書的上一代低(11.6%)。

讀書人勤運動。教育導致健康差距擴大，讀書人除了更識花錢消費較健康的飲食，亦更懂花金錢投資預防性的醫療。然而，收入可以不斷上升，每天24小時卻仍然是24小時。當讀書人的工資普遍較高，他們運動和睡眠的健康投資又可以怎樣？當一個世紀的消閒娛樂的時間有所增長，書讀得愈少的人，這增長就愈高。是的，讀書愈多，看電視時間便愈少，但做運動時間反而愈多。讀書人在時間上的健康投資，高學歷的每天運動超過20分鐘，比低學歷的每天運動不到10分鐘多一倍以上。相反，高學歷的每天看電視只2小時，比低學歷的每天看電視3個半小時少得多。勤運動，上世紀的代謝健康投資史提醒我們：想一次過減三害，21世紀要有更多讀書人。

假如成功除三害，120歲不是夢？

早在90年代，跨世紀賭命之徒奧尚斯基教授曾提出85歲後老死無藥可救：

Once you go beyond the age of 85, people die from multiple-organ failure. They stop breathing. Basically, they die of old age. And there's no cure for that.

唔得閒病得閒老死，難怪賭命之徒下注沒有人能活到150歲。是的，一個世紀的健康回報之後，即使把50歲前的死亡率清零，我們亦只能延長出生時的預期壽命3年半左右。換句活，想顯著地延長壽命，要針對預防或治療年長一輩風險較高的慢性疾病。問題是，競爭風險之下，即使能消滅所有癌症，估計美國人的平均壽命亦只會增加約3年。而即使能夠消滅所有已知的危疾，醫學界估計我們的預期壽命仍不容易超過90歲。頭痛醫頭腳痛醫腳的健康投資，有限延長壽命卻未能有效延長健康壽命，值得嗎？

多得得一想二的健康需求法則，上世紀自70年代治療勝於預防的三十年間，健康投資提升了往後的健康回報接近兩成。芝大老師梅菲的研究估計，假設往後整體死亡率下降一成，為美國人帶來接近20萬億美元的價值，當中約三成來自治療心血管疾病的回報、兩成半來自治療癌症的回報。頭痛醫頭腳痛醫腳的健康投資，即使投資成功延長預期壽命不到十年八載，其價值還是天文數字。讀書人預防性投資代謝健康減三害，長壽加上延長健康壽命的投資回報之高可想而知。但原來，當讀書人在跨世紀投資代謝健康，更吸引的健康投資機會可能已經出現！

結語

是人類健康史的黃金還是黑暗時代？回顧20世紀的健康資本論，治療勝於預防的健康投資策略，導致先進地方預防性的醫療開支比例跌至3%，投資代謝健康的運動時間亦只維持每天不到20分鐘。重量多於重質的投資，治療但無法治癒的後果往往只能有限延長壽命，而無法延長健康壽命。治療高齡風險較高的慢性疾病，符合得一想二的健康需求法則，卻又導致醫療負擔高處未算高。儘管治標不治本，一個世紀的健康資本回報，增壽30年價值竟與同期經濟增長相若！

當預防勝於治療，回報除了更長壽命，還有更長健康壽命。21世紀除三害，與其得一想二輪迴治療，何不把預防作為修行一次過滿足三個願望？

第三節

21世紀 說好長壽故事

偷生者，
老而不死是為賊。

諾貝爾投資法則之技疊技

現代人得一想二的健康問題是，當你50歲捱得過心臟病、60歲打得過癌細胞，70歲時又逃得過老人癡呆嗎？隨着人口老化，愈來愈多科學家參與生物老化相關的研究，因為比肥胖和三高更高風險，高年齡才是心血管病以至所有慢性病的最高風險因素。抵抗衰老，應該從何時做起？

黃子華在棟篤笑《愈大鑊愈快樂》引述股神巴菲特：「世界第八大奇蹟就是The power of compounding」。利疊利，要及早養成持續習慣才能有效累積財富。技疊技（skills beget skills），同樣要靠及早持續學習才能有效累積健康。踏進21世紀，我亦剛開始了我在芝大研究院的日子。首年，我眼中對學生最嚴格的老師赫曼（James Heckman）贏得諾貝爾經濟學獎。於是，我最早接觸的21世紀健康投資策略，是後來著名的赫曼方程式：

Invest + Develop + Sustain = Gain

投資，是投資教育針對兒童早期成長的人力資本；發展，是5歲前早期發展有關認知能力、社會技能和健康習慣等的培育；持續，是透過有效教育持續早期發展至成人階段。投資加上發展再加上持續，成果是更具能力、生產力和高價值的人力資源。投資宜趁早，長線投資的好處在於不同技能之間的關係往往是互補的：

Starting at age three or four is too little too late, as it fails to recognize that skills beget skills in a complementary and dynamic way. Efforts should focus on the first years for the greatest efficiency and effectiveness.

技疊技，教育和健康之間的相輔互補，解釋到長命多是讀書人這個普遍現象。再微觀一點看，教育涉及培養的除了認知能力，還有其他社會技能和健康習慣，包括專注力、自制力、積極性、社交性等，都又影響到成長過程中耐性的培養。當中，認知能力往往較早形成，而其他技能和習慣卻較易在長大後繼續培養。早期教育是預防長遠慢性疾病的有效投資，赫曼在"Early Childhood Investments Substantially Boost Adult Health"發現：

We report on the long-term health effects of one of the oldest and most heavily cited early childhood interventions with long-term follow-up evaluated by the method of randomization: the Carolina Abecedarian Project. Using recently collected biomedical data, we find that disadvantaged children randomly assigned to treatment have significantly lower prevalence of risk factors for cardiovascular and metabolic diseases in their mid-30s. The evidence is especially strong for males. The mean systolic blood pressure among the control males is 143 millimeters of mercury (mmHg), whereas it is only 126 mmHg among the treated. One in four males in the control group is affected by metabolic syndrome, whereas none in the treatment group are affected.

70年代北卡羅萊納的初學者計劃，為弱勢家庭兒童提供了出生至8歲前的全面優質早期教育，30多年後影響了計劃參與者的心血管疾病和代謝健康風險。為什麼？往後的研究發現，投資兒童早期成長的人力資本，有助兒童培養長遠健康習慣，包括長大後少吸煙、多注重飲食等。早期投資人力資本帶來的健康效益，有直接和間接兩種：間接的，是透過長大後的社會經濟優勢；直接的，是投資者認知能力、社會技能和健康習慣的資本累積。赫曼強調，以早期投資作為預防策略，間接回報之外亦不應漠視各種技能的直接健康回報。

優質早期教育

長遠健康效益

累積社會經濟資本

早期投資的回報有多高？幾年前赫曼和我一位小師弟兼舊同事的研究，便估算出北卡羅萊納初學者計劃的投資回報率：

Guided by economic theory, we supplement experimental data with non-experimental data to forecast the life-cycle benefits and costs of the program. Our point estimate of the internal rate of return is 13.7% with an associated benefit/cost ratio of 7.3.

高達13.7%的平均投資回報率，效益是成本的7倍多，回報效益背後包括高工資收入、高健康價值、低犯罪紀錄等，把高健康價值量化，需要醫療開支減省和經濟學估算的健康生命價值。13.7%的回報率，近兩成來自工資收入，另外約一成來自健康回報。

假如肥胖是疾病，老化呢？

預防者，及早投資也。利疊利不如技疊技，及早投資教育之外，還需要及早投資健康？要的話，怎樣投資？現代人漠視代謝健康投資，肥胖症和脂肪肝愈來愈普遍是明顯的。當美國成年人的肥胖人口比例升至四成多，糖尿病前期(即血糖高於正常值但未達到糖尿病標準)人士的比例亦超過了四成。是的，肥胖是糖尿病前期的主要風險因素。考考大家，肥胖又是否頭號殺手心血管病的最高風險因素(risk factor) ？還是高血糖、高血壓或高血脂？

錯！錯！錯！讀書人告訴你，比肥胖和三高更高風險，高年齡才是心血管病以至所有慢性病的最高風險因素。於是，抵抗老化，便能終極滿足得一想二的健康需求。問題是，老化是疾病嗎？

近年美國最熱烈討論的最新醫藥，並非什麼「不老藥」，而是「減肥神藥」胰妥讚（Ozempic）。肥胖有藥醫？對，因為肥胖是疾病。原來，早在1948年世界衞生組織的《國際疾病分類》已把肥胖歸類為一種疾病。根據世衞的分類，肥胖是當成人的BMI（身體質量指數，即按公斤計算的體重除以按米計算的身高的平方）等於或大於30。儘管使用《國際疾病分類》的包括國家衞生計劃管理者、醫療保險公司以及追蹤全球衞生進展並確定衞生資源分配的其他人員，自1975年以來世界肥胖人數還是增長了近3倍，而死於肥胖（或超重）的人數亦已高於死於體重不足的。2013年，美國醫學會終於正式把肥胖歸類為一種疾病。史丹福大學的Dr. Fatima Cody更在《60分鐘時事雜誌》公開聲稱肥胖是一種腦疾病：

It's a brain disease. And the brain tells us how much to eat and how much to store.

然後，有報道指Dr. Fatima Cody曾收取丹麥製藥廠諾和諾德（Novo Nordisk）顧問費用，而諾和諾德就是胰妥讚的製造商。獲美國FDA認證的「減肥神藥」，胰妥讚原本是治療二型糖尿病的一種藥物。被發現對使用的糖尿病人有降低體重的副作用後，藥廠諾和諾德對肥胖人士進行了一連串測試，證實糖尿病藥胰妥讚背後的「胰高血糖素樣肽-1」（GLP-1）類似物司美格魯肽（semaglutide）有抑制食慾作用，使用後有效減掉體重平均超過12公斤，諾和諾德於是推出司美格魯肽劑量比胰妥讚高的Wegovy回應減肥的市場需求。

繼諾和諾德的胰妥讚，美國製藥廠禮來（Eli Lilly）的另一糖尿病藥蒙扎羅（Mounjaro，藥名「替爾泊肽」tirzepatide，是把GLP-1類似物結合葡萄糖依賴性胰島素刺激多肽GIP兩種腸促胰素而成），2023年亦得到食品藥物管理局的認可，以Zepbound的品牌推出減肥成效更高的減肥藥。

是的，一旦被視為一種疾病，而這種疾病又具有可量度的生物指標，醫者市場心的藥企便會因應市場條件投資治療研發。醫學界的朋友都知道，BMI並非量度肥胖的理想指標。減肥不是減肌肉，「減肥神藥」應正名為「減磅神藥」，因為使用後的一個客觀現象是有效降低體重的同時亦導致大量肌肉流失。以減磅為指標，容易漠視我們想減少的其實是脂肪而不是肌肉。肌肉，對代謝健康本身有重要作用，而減肥的其中一個重要原因就是改善代謝健康。當減少肌肉對改善代謝健康有反效果，正確使用醫生處方的「減磅神藥」需要有充足的蛋白質攝取和適當的運動配合。

不是沒有爭議的，反對醫學界把肥胖歸類為疾病的人擔心，社會可能加深對肥胖人士的成見，肥胖的人亦可能只會依賴藥物或手術去治療肥胖。經濟學研究發現，勞動市場上工人愈肥胖工資便愈低，而這歧視肥胖的現象在女性身上尤其明顯。至於健康習慣（包括健康飲食和運動）和醫藥治療的關係究竟是替代品還是互補品？減肥市場龐大，更多市場數據將會告訴我們健康習慣和醫藥治療的經濟關係。

比減肥市場更龐大的市場是什麼？是抗衰老市場。老化是疾病嗎？數年前，世衛提出在《國際疾病分類》的第十一版修訂把老化歸類為一種疾病。在病原學致因提出「老化相關性」並定義「老化相關的意思是『由生物過程引起，這種生物過程持續導致機體在老年時失去適應和進步的能力』」(Ageing-related means "caused by biological processes which persistently lead to the loss of organism's adaptation and progress in older ages”),更在診斷的分類加入「老化相關性內在能力減退」(Ageing associated decline in intrinsic capacity)。

相比肥胖是疾病,老化是疾病的爭議更大。世衛的建議惹來不少反對聲音,老年精神病學專家Dr. Kiran Rabheru和他的同事便是其中的反對聲音。社會可能加深對老化的成見,是反對原因之一。「年齡老化」(chronological aging)和「生物老化」(biological aging)是兩回事,世衛就「老化」一詞在定義上卻未有分清楚兩者的差異。

天增歲月人增壽,時光只解催人老。然而,年齡老化是一回事,生物老化是另一回事。首先,人類細胞是不能無限地分裂下去的。海佛列克極限(Hayflick limit),今天科學家普遍認為人類細胞大約只能分裂40至60次,而細胞每分裂一次端粒就會變短一點。長期端粒損耗,最終無法保護染色體結構及基因,細胞停止複製並邁入衰老甚至死亡。

經濟學說老化，就是任你如何努力投資你的健康資本還是加速貶值。從經濟角度出發，經濟老化可定義為勞動力的市場價值下降。生產力衰退，多少會受身體或認知功能衰退影響。從功能角度出發，生物老化可定義為身體各器官系統都出現功能性衰退。所謂的逆齡，逆轉的就是生物年齡，達至人老身不老。隨着人口老化，愈來愈多科學家參與生物老化相關的研究。但由於「老化」並未被官方視為疾病，預防以至治療「老化」的研究始終難以獲得足夠經費支持。外行人有所不知，能可靠地反映「生物老化」的生物指標，至今仍未得到學界一致確認。然而，財富累積加上人口老化，21世紀抗衰老的需求比減肥只有過之而無不及。老化被歸類為可防可控的疾病，相信只是時間問題。

只好怪DNA出錯？健康資本貶值還看12老化標誌

21世紀價值健康投資，能夠以「人老身不老」作回報嗎？過去10多年，從生物學角度分析老化，學界終於在「人老身不老」的定義取得一定共識。作為細胞及分子層面的老化標誌，標誌必須符合以下3大條件：

(1)人老所以身老的正常表現；

(2)人未老但透過實驗能夠加速身老；

(3)人老但有機會透過干預減緩甚至逆轉身老。

符合這3大條件的9個老化標誌(Hallmarks of Aging)，包括4個基本標誌(primary hallmarks)，是細胞破壞的基本因素；3個對抗標誌(antagonistic hallmarks)是對抗細胞破壞的回應，但長期會進一步造成破壞；以及2個互動標誌(interactive hallmarks)，是結合了前7大標誌，最終因衰老導致功能衰退。

4個基本標誌：

(1)基因組失穩（genomic instability）

(2)端粒損耗（telomere attrition）

(3)表觀遺傳改變（epigenetic alterations）

(4)蛋白質穩態喪失（loss of proteostasis）

3個對抗標誌：

(5)營養感應失調（deregulated nutrient-sensing）

(6)線粒體功能障礙（mitochondrial dysfunction）

(7)細胞衰老（cellular senescence）

2個互動標誌：

(8)幹細胞耗竭（stem cell exhaustion）

(9)細胞間通訊改變（altered intercellular communication）

10年過後，最近學界又在9個老化標誌的基礎上新增了(10)巨大細胞自噬失能(disabled macroautophagy)為基本標誌；以及(11)慢性炎症(chronic inflammation)和(12)微生態失衡(dysbiosis)兩個互動標誌。

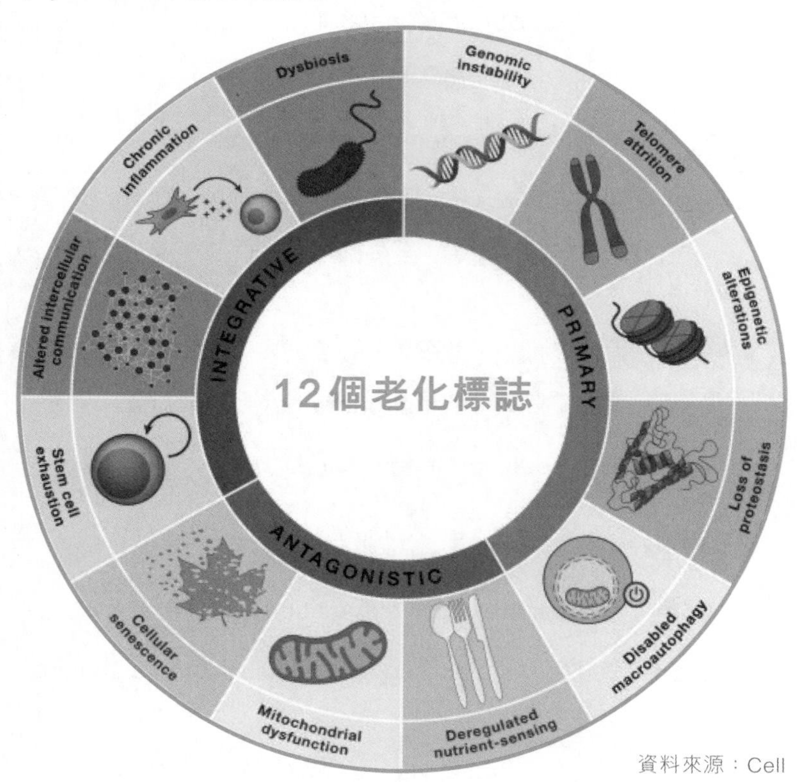

資料來源：Cell

基因組失穩，可以翻譯成「DNA出錯」吧。老化，只好怪DNA出錯？一大堆生物學專有名詞，明就明，唔明就真係黎明。經濟學如何向普羅大眾解讀黎明？12個老化標誌，從經濟學角度分析就是決定健康資本貶值率的標誌。是的，老化是個複雜的生物過程。DNA出錯，加上其餘11個老化標誌環環相扣。想達至「人老身不老」，可透過投資減緩甚至逆轉任何一項標誌的健康資本貶值。還未明？又原來，關於3個新增的老化標誌，研究細胞自我修復的自噬機制，讓日本著名分子細胞生物學家大隅良典贏得2016年諾貝爾獎。而抗炎食物與腸道健康，近年亦成為了市場上兩個健康新潮流。

NAD+ 前體
修理發電廠失靈

把12個老化標誌與20世紀健康資本論連結起來，我認為線粒體功能障礙是個很好的切入點，因為線粒體功能本身跟其他所有老化標誌息息相關，亦與代謝健康的投資關係密切，而線粒體的主要活動可被視為一個經濟學熟悉的生產過程。作為老化標誌的對抗標誌，就是面對老化而作出供過於求的回應。線粒體功能障礙之外，營養感應失調和細胞衰老都有這個回應供過於求的含意，調節這些供求有助對抗衰老。

線粒體，一直被生物學界視為細胞的發電廠，主要負責轉化身體吸收的營養為能量（adenosine triphosphate）然後提供給身體各器官，葡萄糖分解的最後過程氧化磷酸化（oxidative phosphorylation）亦會產生含氧自由基等活性氧化合物（reactive oxygen species）。作為細胞發電廠，功能失靈因而影響代謝健康是不難理解的。有關活性氧化合物的供應導致氧化壓力

(oxidative stress)對老化的影響，最新的看法是過度供應引發慢性炎症才是問題，含氧自由基等的產生本身是有其存活訊息作用的(稱之為線粒體興奮效應，mitohormesis)。說過了，代謝健康出現問題，三害風險隨之急升。於是，透過直接與間接的機制，線粒體功能障礙最終導致未老先衰。

自由基衰老理論，是其中一套最早期的老化理論。透過抗氧化(antioxidation)去中和含氧自由基，讓自由基數量維持平衡，繼而減少其對細胞以至基因的破壞，是過去幾十年以抗氧化劑(antioxidant)抗病防老的理論基礎。然而，從維他命C到白藜蘆醇，多個聲稱具抗氧化作用的食物補充品，卻似乎都經不起最嚴謹臨牀試驗的考驗，實驗室證明有效延長小鼠壽命的蝦紅素(astaxanthin)是其中一個例外，除了抗氧化，蝦紅素的抗炎性對人類還有各種健康益處，包括護眼、改善皮膚老化等。

最近20年，維持NAD+與NADH的合適比例對線粒體功能(包括氧化磷酸化)的關鍵作用逐漸被受注視。NR或NMN作為NAD+的前體，似乎已成為抗氧化劑之後另一抗病防老的新潮流。為什麼？跟流行了一段日子的Niacin一樣，NR其實都是一種具抗氧化作用的維他命B3，而且可以透過飲用牛奶攝取。NR或NMN等NAD+前體的抗病防老效果，最終又會否如各抗氧化劑補充劑般再一次令消費者失望？

據我所知，至今沒有證據清楚顯示任何NAD+前體有延長壽命的效用，而根據實驗室長壽研究計劃ITP的研究結果，NR對實驗室小鼠沒有延壽作用。其實，著名NR品牌是老實表明作食物補充品其作用並非抗衰老甚至逆齡：

"Anti-aging" is a marketing gimmick. There are no products out there that can effectively reverse the aging process...Nicotinamide riboside is classified as a healthy aging supplement because of its unique ability to support health on a cellular level at any age. By targeting the maintenance of cells, NR helps your cells sustain their resilience to aging. Although being called the "anti-aging" pill is more of a misnomer, nicotinamide riboside's unique role in countering everyday wear and tear directly contributes to anyone's desire to age gracefully.

換句話，NAD+前體NR並沒有標榜自己是什麼逆齡不老

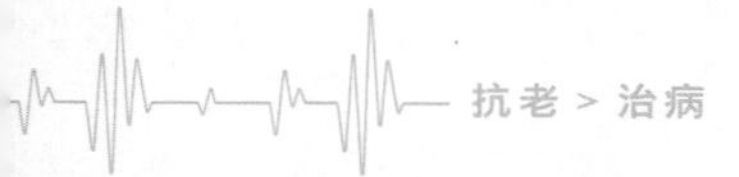

藥。健康老化，是投資健康壽命資本而非壽命資本吧。投資健康壽命資本回報如何？這著名NR品牌介紹其產品功效時首先提到支援線粒體正常運作。根據臨牀前研究，透過增加NAD+數目NR能限制含氧自由基所造成的損害。除此之外，增加NAD+數目對細胞修復、心臟健康、肌肉健康亦有一定幫助。NMN跟NR同樣是NAD+前體（前者比後者多了個磷酸基團），功能上理應相同（除了人體吸收可能有所分別）。但由於NR並非藥物，其實際健康成效不能靠監管機構保證，長期服用對身體的好處有待市場驗證。

復活素治老從口入

病從口入，老亦從口入。古時養生講求七分飽，現代實驗證明節食(dietary restriction或caloric restriction)可以增壽60%！難忍美食當前，幾十年來科學家於是一直研究什麼藥物能夠模仿節食的健康效果？

發電廠需要發電燃料，營養就是細胞發電廠的發電燃料。當營養感應失調，線粒體功能亦受障礙。多糖易老，胰島素抗性可能是最為人熟知的營養感應失調。節食增壽，營養危機啟動AMP-activated protein kinase(AMPK)信號，繼而抑制mTOR。什麼是mTOR呢？mTOR者，mechanistic Target Of Rapamycin(亦稱mammalian Target Of Rapamycin)也。因Rapamycin(雷帕霉素)之名，mTOR成為21世紀抗衰老的一個關鍵詞。因為來自復活島（Easter Island，又稱Rapa Nui），也因為擁有抗生（-mycin，一種antibiotics）功能，Rapa加mycin便是雷帕霉素。

因為抗生，所以復活？由抗真菌作用開始，到免疫抑制功能，雷帕霉素是美國FDA批准用於腎臟移植的免疫抑制劑。原來，mTOR具有類似胰島素的營養感應功能：營養過剩時啟動，加速細胞生長和增殖，同時抑制自噬作用；相反當mTOR活性被降低，細胞停止複製並在個別細胞增強自噬作用，修復細胞減緩衰老。研究發現，雷帕霉素有調控線粒體生合成（mitochondrial biogenesis）、影響線粒體自噬（mitophagy）、抑制蛋白質合成等作用。

因為修復，所以復活。臨牀前實驗結果一次又一次證明（包括實驗室長壽研究計劃ITP超過6次不同實驗），雷帕霉素是目前最具延壽潛力的藥物。除了壽命資本累積，亦有實驗證明雷帕霉素對長者的健康壽命資本有投資價值。2014年，一篇名為"mTOR Inhibition Improves Immune Function in the Elderly"的研究文章證明雷帕霉素有提升長者免疫力功能：

Inhibition of the mammalian target of rapamycin (mTOR) pathway extends life span in all species studied to date, and in mice delays the onset of age-related diseases and comorbidities. However, it is unknown if mTOR inhibition affects aging or its consequences in humans. To begin to assess the effects of mTOR inhibition on human aging- related conditions, we evaluated whether the mTOR inhibitor RAD001 ameliorated immunosenescence (the decline in immune function during aging) in elderly volunteers, as assessed by their response to influenza vaccination. RAD001 enhanced the response to the influenza vaccine by about 20% at doses that were relatively well tolerated. RAD001 also reduced the percentage of CD4 and CD8 T lymphocytes expressing the programmed death-1 (PD-1) receptor, which inhibits T cell signaling and is more highly expressed with age. These results raise the possibility that mTOR inhibition may have beneficial effects on immunosenescence in the elderly.

能夠令免疫力復活，「復活素」這個由我起的名字，雷帕霉素當之無愧。

漆黃素滅殭而不死

人，老而不死是為賊？細胞，老而不死是為炎！

發電廠發電時會排碳產生污染性副產品，活性氧化合物就是細胞發電的副產品。氧化壓力加速細胞衰老，一種細胞周期停滯並終止細胞分裂的現象。因為老而不死，這種衰老細胞（senescence cells）亦俗稱為「殭屍細胞」。殭屍細胞適量地產生，其實有助限制因細胞分裂以至出錯的機率，繼而抑制腫瘤。殭而不死，當殭屍細胞過度地產生並累積起來，卻有着衰老相關的分泌形態（Senescence-Associated Secretory Phenotype, SASP）的問題，即殭屍細胞大量分泌會影響周邊細胞發炎甚至癌細胞擴散的分子，加速身體老化。

針對細胞衰老問題的兩大方向，雷帕霉素其實具有抑制SASP的功能。雷帕霉素之外，原本用來治療糖尿病的甲福明(metformin)亦同樣有抑制SASP功能，因此都被視為一種防衰老藥物(senomorphics)。清除殭而不死，達沙替尼(dasatinib)、槲皮素(quercetin)、漆黃素(fisetin)等則是清除衰老細胞的去衰老藥物(senolytics)。達沙替尼原本是用來療癌的口服標靶藥，槲皮素和漆黃素這兩種多酚(polyphenol)則是具有抗炎抗氧化以及益生元等效用的天然化合物。

去衰老藥物的研究歷史很短，目前有研究顯示漆黃素的清除衰老細胞的效能比其他去衰老藥物顯著。但根據實驗室長壽研究計劃ITP的實驗結果，漆黃素卻未能延長實驗室小鼠的壽命。然而，論投資抗衰老的經濟回報，回報可以是投資健康壽命資本亦非投資壽命資本。漆黃素未能延長實驗室小鼠的壽命，漆黃素對人類壽命以及人類健康壽命的影響仍有待研究。

另一方面，藥物或補充品之外，最新的研究方向是利用原為抗癌而研法的CAR-T(chimeric antigen recepto T cells)免疫細胞治療法去清除衰老細胞。

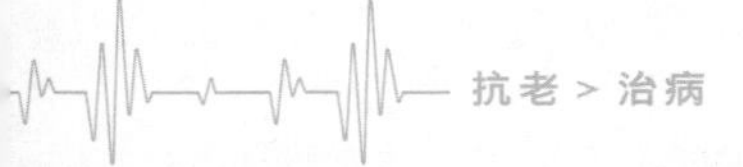

新世紀價值健康投資——預防衰老勝於治療疾病

老化科學，一門集合老化生物學、慢性疾病學、健康科學三種學科於一身的科學，在21世紀隨着人口老化應運而生。當老化科學遇上經濟學，技疊技的經濟邏輯提醒我們：及早培養健康習慣，壽命愈長的人回報便愈高。

當老化被視為疾病，老化有得醫嗎？說過了，2002年51位研究衰老的頂尖科學家聯署勸喻公眾避免購買市場上任何聲稱抗衰老甚至逆齡的產品，因為沒有證據顯示這些產品可以逆轉老化過程。廿年過後，愈來愈多學者支持生物性老化應被視為疾病，老化標誌的出現正正反映學界對老化研究的進展。

然而，學界對抵抗老化的定義仍是意見分歧。同樣是NAD+前體的推手，讓普羅大眾認識NMN的辛克萊宣揚多得逆齡技術120歲已經不是夢，發現並推廣NR的布倫納卻認為目前科技只可以幫助人類健康地老化。這是學界對的抗老化定義爭議的典型例子。其實早在80年代初，已有學者提出「疾病壓縮」(compression of morbidity)假說，認為壽命無上限是不切實際，消滅慢性疾病追求健康地老化才是抵抗老化之道。較為進取的想法，是符合中庸之道的「延緩老化」(decelerated aging)假說，不但健康壽命可以延長，延緩老化之後壽命亦可以延長，不健康的壽命卻不一定能夠大幅壓縮。最進取的抗老化應該是「對抗老化」(arrested aging)假說，真正對抗老化就是把健康壽命與壽命同時間延長，甚至追求返老還童。

經濟學說抵抗老化，就是既可投資重質的健康壽命資本，亦可投資重量的壽命資本。從投資回報角度看，量愈高，投資質的回報自然有所提升，同樣道理，投資量的回報會隨質上升而有所增加。於是，三種抵抗老化的定義，在不同時空可以有不同的投資回報。在治療勝於預防的上個世紀，單單是70年代起的三十年間，治療心血管疾病和癌症等延長壽命便為美國帶來價值每年超過3萬億美元的回報。上世紀先進地方的人口壽命延長30年之後，健康壽命的投資回報隨之上升。然而，一個世紀的財富累積又分別增加了健康壽命和壽命的價值。21世紀說好長壽故事，投資壽命資本和健康壽命資本的回報怎樣比？

當老化科學遇上經濟學，兩大學科的專家在21世紀初聯手發表了“The Economic Value of Targeting Aging”一文，研究發現：今時今日，疾病壓縮延長健康壽命比純粹延長壽命更有價值，而延緩老化又比根治個別危疾值錢：延緩老化增加預期壽命10年，價值是每年超過7萬億美元的回報！論回報，預防衰老勝於治療疾病，除了效益的考慮，還有下一章討論的成本。

結語

上世紀，利疊利財富累積，增加了壽命延長的需求。衣食足而知享福，壽命延長了，健康壽命的需求卻有增無減。頭痛醫頭腳痛醫腳的投資策略，滿足不了得一想二的健康需求。本世紀，技疊技知識累積，對抵抗衰老的需求將以幾何級數上升。當財富累積遇上人口老化，預防衰老勝於治療疾病，皆因這是投資代謝健康升級版，更具潛力一次過滿足三個願望。問題是，沒有量度便沒有科學。從煉丹術到老化科學，長壽容易在現實世界量度，卻不容易在實驗室量度，因為人類太長命了！至於健康壽命，老化科學目前仍未找到共識如何定義。單靠還處於起步階段的老化科學，如何選擇？

説過了，經濟學專醫選擇困難症。想滿足延長健康壽命的需求，須更有效投資預防衰老，而這再不能只單靠傳統的臨牀試驗證據。21世紀價值健康投資策略，經濟層面學習説好長壽故事，細胞及分子層面抵抗老化標誌，因為健康投資從未如此重要過，讀書之人亦將從未如此健康過。

第三章

醫者市場心的
健康供應規律

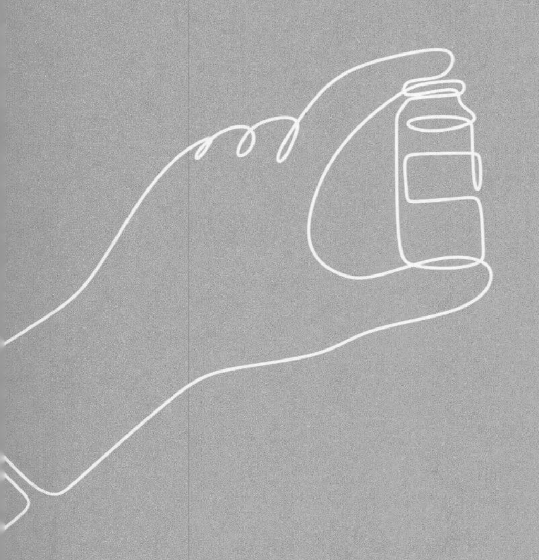

第一節

健康供應
從孤兒藥説起

That the Division of Labour is Limited by the Extent of the Market.

規模限制醫者父母心

當財富累積遇上人口老化，健康長壽的市場需求將會是史無前例大。價值健康投資，我們有需要了解市場實際供應帶來的局限。是的，人口老化，改變着影響需求的人口結構，亦改變了支配供應的生產規模。專業分工受制於市場規模，是亞當史密斯的傳統智慧。當今的供應學派，認為供應比需求重要。一般來説，供應比需求容易觀察，其變動亦較容易掌握。以健康長壽的供與求為例，後者主要受價格、收入、人口、知識等影響；前者則由成本、規模、技術、監管等支配。知識改變成本，成本最終影響價格。知識同時改變收入和技術，而監管卻又受市場規模所影響。知識和規模，我認為是價值健康投資最重要的兩大基本因素。

Size matters，尤其在藥業。雖説醫者父母心，無奈研發新藥的固定成本，今天是數以十億美元計的投資，而且研發期需時十年以上。一般分為非人類的臨牀前研究和人類不同階段的臨牀試驗，目的是測試藥物的安全性和療效。然而，即使是數以億美元計的市場規模，亦不足夠保證藥廠可以收回成本，因為研發失敗的機率可謂九死一生。一旦成功研發，每單位藥物的生產以至銷售成本是低而平穩的，因此藥物研發成功的利潤主要取決於市場規模，規模愈大便愈易回本，而愈易回本便愈多藥企願意投資研發。

讀研究院時，文章"Market Size in Innovation: Theory and Evidence from the Pharmaceutical Industry"的作者來到芝大分享他的最新研究，研究利用了上世紀嬰兒潮世代1965至2000年間人口結構改變引致的藥物需求轉變，分析市場規模對藥物研發的影響。例如，當嬰兒潮一族年輕時，他們對抗生素有較大需求。當他們成年後，避孕藥和抗病毒藥的需求又會隨之而增加。研究發現：

As the baby boom generation aged over the past 30 years, the markets for drugs mostly consumed by the young have declined, and those for drugs consumed by the middle-aged have increased. The data show a corresponding decrease in the rate of entry of new drugs in categories mostly demanded by the young and an increase for drugs mostly consumed by the middle-aged. Our estimates suggest that a 1 percent increase in the size of the potential market for a drug category leads to a 6 percent increase in the total number of new drugs entering the U.S. market. Much of this response comes from the entry of generics, which are drugs that are identical or bioequivalent to an existing drug no longer under patent protection.

市場規模每增加1%，推出市場的新藥數量便上升6%，而大部分新藥是仿製藥。非仿製藥呢？

More important, there is a statistically significant response of the entry of nongeneric drugs, which more closely correspond to new products and "innovation": a 1 percent increase in potential market size leads to approximately a 4 percent increase in the entry of new nongeneric drugs.

市場規模每增加1%，推出市場的新專利藥便上升4%。最近另一研究發現，市值平均25億美元的藥物市場，才吸引到新藥進場。20世紀得一想二的健康需求，便主要是透過規模鼓勵研發的醫藥供應而得到滿足。考考大家，隨着嬰兒潮世代步入老年，21世紀不老藥的供應會上升多少？

早老病
還須孤兒藥醫

昔多芬(sildenafil)，是一種磷酸雙酯酵素-5(PDE-5)抑制劑。一場美麗的誤會，是當年研發治療心血管疾病時，意外發現昔多芬可使陰莖內血管平滑肌放鬆而增加血液流入。「老藥新用」(drug repurposing)，昔多芬後來成為了治療男性勃起功能障礙的藥物。人口老化帶來的商機，在1998年以Viagra品牌推出市場後，昔多芬替輝瑞賺取每年數以十億美元計的收入。然而，四分一個世紀之後，儘管人口老化愈來愈嚴重，不老藥的供應卻依然是零！

供應遠遠落後需求，是因為生老病死時至則行？我的答案是：男性勃起功能障礙是疾病，老化在監管機構眼中卻依然不是疾病。是的，反對把老化歸類為一種疾病的人，往往以老化是每人時候到了便自然發生的狀況為理據。從需求角度看，財富累積加上人口老化，健康長壽的醫療需求是史無前例的；從供應角度看，老化非病加上醫療監管，健康長壽的醫療供應遠遠落後於需求。老化非病，罕見病對絕多數人來説亦非病。想多了解規模與供應的關係，研究規模極小的罕見病藥物供應有啟示作用。

罕見病就是患者人數極少的疾病。治療這市場規模極小的藥物，被稱之為孤兒藥。因為市場規模極小，相比研發孤兒藥的成本卻又極高。於是，即使在有具爭議性的專利制度保障之下，社會普遍相信單靠醫者父母心是解決不了孤兒藥的供應問題。以美國為例，1983年政府通過《孤兒藥法案》（*Orphan Drug Act of 1983*）去鼓勵孤兒藥的研發。美國食品藥物管理局的歷史學者這樣解釋：

That law, the Orphan Drug Act, provided financial incentives to attract industry's interest through a seven-year period of market exclusivity for a drug approved to treat an orphan disease, even if it were not under patent, and tax credits of up to 50 percent for research and development expenses. In addition, FDA was authorized to designate drugs and biologics for orphan status (the first step to getting orphan development incentives) provide grants for clinical testing of orphan products, and offer assistance in how to frame protocols for investigations. A subsequent amendment defined a rare disease as one affecting under 200,000, though a disease with more patients could qualify if the firm could not recover the costs of developing the drug.

The 1983 Orphan Drug Act completely changed the face of therapeutics for rare disorders. By 1990 FDA had designated 370 products for orphan status, and of these 49 were approved for orphan indications. By 2002 the number of orphan designations grew to almost 1100, and approvals to 232, a number that provided treatment to an estimated 11 million patients. Much work of course remained to be done, considering how many suffered from rare disorders. But the Orphan Drug Act finally provided for many of those orphaned among blockbuster treatments a hope of their own thanks to the work of many, not the least of whom were those patients and their advocates who had long championed the needs of the forgotten patients.

更大市場壟斷權、更多稅務優惠、更清晰孤兒藥定義，透過政府提供經濟誘因，為的是解決市場細研發貴導致的藥物供應不足問題。研究發現《孤兒藥法案》通過後，孤兒藥的最新臨牀試驗大增超過一倍！

罕見病的例子其實很多，不少是由基因突變或遺傳的基因缺陷導致，其中與衰老有密切關係的是早老症（Hutchinson-Gilford progeria syndrome），今天普遍被視為一種基因突變導致加速老化的遺傳性疾病，同時又是一種平均2,000萬人才有一宗病例的罕見病。基因突變，是12個老化標誌之首基因組失穩，加上隨之引發的線粒體功能障礙、幹細胞耗竭、慢性炎症等，都是加速老化的因素。

在監管機構眼中，老化不是病，早老卻是。最早是在19世紀末20世紀初由Jonathan Hutchinson和Hastings Gilford兩位醫生先後確認的，100年來都是無藥可治，直至洛那法尼（lonafarnib）的出現。2020年，洛那法尼（藥名Zokinvy）獲美國FDA批准用於治療早老症。臨牀試驗顯示，洛那法尼將早老症的死亡率降低60%，患者的平均壽命延長2.5年。問題是，洛那法尼是美國最貴的藥物之一，病人每年藥費超過100萬美元！

這是全球首個獲批治療早老症的藥物。早老病還須孤兒藥醫，給健康供應什麼啟示？首先，罕見病市場規模小，即使有《孤兒藥法案》鼓勵研發，藥費不菲是在所難免的。更重要的啟示，我認為是洛那法尼「老藥新用」的研究史。2000年代初，研究洛那法尼針對的原本是其作為抗癌標靶藥物的潛力。通過了一二期臨牀的安全性及小規模效力測試後，最後卻發現在大規模測試中抗癌效果未如理想。作為一種法尼基蛋白轉移酶抑制劑，研究後來卻發現洛那法尼對早老症有相當療效，其餘的都已是歷史。老藥新用，大大減低了有關藥物安全性及人體耐受性的測試成本，對研發市場規模小的孤兒藥來説尤其重要。

抗老化的需求雖然比治早老龐大千萬倍，但在老化被監管機構視為疾病前，投資抗衰老藥物的資源還是十分有限，老藥新用將會是一條降低成本的研發出路。市場不會説謊，我稱之為「復活素」的雷帕霉素，一直是美國FDA認可用於器官移植的免疫抑制劑。而另一具延壽潛力的化合物甲福明，亦是官方認可用於控制血糖的二型糖尿病藥物。

醫保津貼政客老人心

醫療保險，是現代醫療制度非常重要的一部分。醫保容許受保病人負擔得起醫療開支，醫保亦提供製藥產業誘因進行研發投資。先進地方的醫療制度，即使不是全民醫保，至少會為年老及弱勢的病人提供醫療津貼。對年老病人提供醫療津貼，短期能提升老人健康水平，長期亦可吸引老人病的醫藥投資。

再參考美國的例子，早在1966年創立的聯邦醫療保險Medicare，主要為65歲及以上的美國人提供醫療保險。提供醫療保險令老人更健康，是容易理解的。但這是怎樣發生的呢？保險與健康的因果關係難明，因為自知健康欠佳的人有較高意欲購買保險，但保險公司又傾向拒絕健康欠佳的人受保。經濟學者利用美國人65歲後全民醫保的制度，比較64歲與65歲醫療消費及健康狀況，整體醫院入住率在踏入65歲後顯著增加（包括因輕微心臟問題而入院取藥的），而原本傾向缺乏個人醫保的弱勢族群受保後看醫生和入醫院的次數增加更為明顯，其餘族群在入院進行髖關節及膝關節置換和心臟搭橋手術亦有所增加。比較64歲與65歲的急症病人，研究更發現多得聯邦醫療保險，後者比前者的死亡率大減。

從製藥產業的商業角度出發，聯邦醫療保險擴大了老人市場的市場規模，尤其D部分在2006年生效之後，醫保涵蓋伸延至自身給藥的處方藥費用。一如所料，D部分生效之後，受惠的老人病處方藥研發投資大增，最明顯的比較來自研究論文“Market Size and Innovation: Effects of Medicare Part D on Pharmaceutical Research and Development”：

We see that the number of clinical trials for drugs to treat Alzheimer's disease was declining prior to the implementation of Part D. However, this trend reversed after the passage of Part D. Implementation of Part D in 2006 is associated with further strengthening of this upward trajectory in number of clinical trials for Alzheimer's disease treatments, with the number of trials increasing from about 10 in 2003 to roughly 50 in 2010. In contrast to Alzheimer's disease, the trend in number of clinical trials for contraceptives seems to be uncorrelated with the passage and implementation of Part D.

關顧長者的聯邦醫保擴大了治療老人病阿茲海默症的市場規模，相比之下研發避孕藥的投資自然望塵莫及。

結語

在健康長壽的領域，需求重知識，供應重規模。在傳統醫療的老人病市場，供應跟得上頭痛醫頭得一想二的需求。在傳統醫療的抗衰老市場，供應卻遠遠落後一次滿足三個願望的奢侈需求。再多公共津貼再多老藥新用，不老藥始終比孤兒藥更孤兒。監管思維與企業精神，可以追落後嗎？

第二節

20世紀
監管增加醫藥費

First, do no harm.

都是醫療霸權惹的禍？

都是芝大元老佛利民惹的禍。40年代，初出道的佛利民曾出版「禁書」分析各行業收入分佈，被禁至延遲出版的原因，是佛老分析到醫生的職業時，竟批評牌照管制下醫霸約束醫生供應壟斷發大財。佛利民比較美國醫生與牙醫的回報：訓練醫生的成本比訓練牙醫高不到兩成，但醫生的平均收入比牙醫高超過三成。不是美國醫學會保護醫生小圈子利益，又如何解釋這個「收入與成本不相稱」的現象呢？佛利民的分析引來醫學會不滿，政治壓力下論文拖了幾年才出版，出版時還要在書後補上一篇持相反意見的評論。

然後50年代，另一位芝大經濟學者嘉素（Reuben Kessel）火上加油，提出醫業價格分歧的論點。嘉素問：美國有這麼多醫生互相競爭，醫霸壟斷及價格分歧怎能維持？嘉素認為，醫生執業需要醫院提供的病房與醫療設備協助，而這些設備的資金主要來自見習醫生的低薪貢獻，美國醫學會只要控制見習醫生的供應及分配，便能有效控制整個醫療行業的價格安排。另外，一連串「醫醫相衛」的行規，例如醫生之間的收費優惠、行家極少互相公開批評、業界禁止個人宣傳等，全都合乎醫霸價格分歧的假設。到了80年代，張五常向我們介紹芝加哥經濟學派時，不免提及老友佛利民與嘉素的經典分析，「醫療霸權」之説從此在香港知識分子心中植根。

港人不知道的秘密，是原來70年代，我的舊同事賴廉士(Matt Lindsay)曾提出以下觀點：醫生的人力投資成本比牙醫高，因此論時薪醫生亦較高；然而時薪愈高，休假的機會成本也就愈高。醫生收入高，其實是時薪高兼工時長的結果，把工時不同的考慮放到行醫的投資回報計算，醫生「收入與成本不相稱」之説根本站不住腳。今天，數據顯示美國醫生收入依然高企，全國1%最高收入人士中，超過一成是醫生。可是，只要與其他高收入行業比較，美國醫生的平均收入其實並不突出。醫生工時長，是市場共識吧。舊同事認為沒有醫霸這回事，工時長卻是醫生自找的。我的看法是，初出道的醫生工時長與「邊做邊學」的人力投資(on-the-job training)有關。所謂的「醫療霸權」，我不認為是醫療負擔愈來愈重的主要原因。

香港一些名醫有「月球人」甚至「星球人」的外號，每月甚至每星期收入以百萬計。與美國一樣，香港高收入的人不只來自醫學一界，名醫賺大錢是全球現象。香港與美國不同之處，可能是美國醫學會有能力影響見習醫生的供應及分配，而港大中大醫學院收生多少卻由教資會話事。香港醫務委員會幾年前否決放寬海外醫生來港執業安排，卻又是事實。醫療霸權帶出的問題，我認為更有可能是在長期監管之下，一般消費者習慣把醫療知識外判給牌照醫生，而當制度不容易就市場環境重大改變而作出適當的範式轉移，這包括長期忽視「預防衰老勝於治療疾病」這個健康投資策略的價值轉變，所以21世紀讀書人的健康長壽知識變得更加矜貴。

藥物安全致命的監管

醫療霸權的表親，是Big Pharma。藥業霸權的陰謀論，20世紀的芝加哥學派有另一看法。

説好了的醫者父母心呢？這其實是一項致命的藥物安全監管。多得現代的藥物安全監管，從前讓皇帝中毒身亡的仙丹今天不會充斥藥物市場。然而，因加強對消費者保護之名，1962年美國FDA大大增加了新藥物在推出市場前的各種測試要求。芝大老師鮑士民（Sam Peltzman）的經典研究An Evaluation of Consumer Protection Legislation: The 1962 Drug Amendments發現，這項管制不但數以年計地延誤了不少能救人一命的藥物推出市場，在藥物生產成本及風險上升下，藥廠更放棄了一些藥物的研究。過度嚴謹的藥物安全法例，對市民的整體健康影響得不償失。

作為全國醫療負擔最重的國家，美國要到半個世紀後，藥業管制才有機會在特朗普政府的管治下略為放寬。當時，老師莫里根正為特朗普政府擔任白宮經濟委員會首席經濟師。莫里根先在他的回憶錄*You're Hired!: Untold Successes and Failures of a Populist President*分享了「放寬藥業管制導致藥物價格下降」的觀察，之後還發表了“Peltzman Revisited: Quantifying 21st-Century Opportunity Costs of Food and Drug Administration Regulation”一文分析放寬管制的市場效果：

Peltzman's work is revisited in light of two recent opportunities to quantitatively assess trade-offs in drug regulation. First, reduced regulatory barriers to drug manufacturing associated with the 2017 reauthorization of generic-drug user fee amendments were followed by more entry and lower prices for prescription drugs. A simple, versatile industry model and historical data on entry indicate that easing restrictions on generics discourages innovation, but this cost is more than offset by benefits from enhanced competition, especially after 2016.

首先量化放寬藥業管制透過增強市場競爭為消費者帶來藥物價格下降的好處，再分析新冠疫情疫苗加快批核的正面作用。歸根究底，誰得益於致命的藥物安全監管？莫里根曾在國會向美國政府以監管經濟學解釋，哪些專業企業可受惠於高成本的藥物：

Did the economic regulations have any benefits? Certainly — to large banks, trial lawyers, major health-insurance companies, big tech companies, and foreign drug manufacturers that profit when consumers must buy their expensive products because affordable alternatives are not available.

大銀行、大律師、大保險公司等等，都得益於致命的藥物安全監管。芝加哥學派的監管經濟學，我認為是一套可被驗證的監管陰謀論。

結語

「首先，不作惡。」(First, do no harm.)——這是20世紀醫藥普遍相信的。在講求成本效益的投資世界，不作惡的保本投資策略除了回報低，更容易被通脹蠶食。經濟學告訴你，當過去150年投資股票或樓房的實際回報率平均約為每年7%，所謂安全資產的實際回報率不但只有平均1%至2%，波幅其實還不少，在兩次世界大戰及高通脹的70年代更曾跌至負數！

在講求成本效益的健康領域，不作惡的保健投資策略同樣任由身體老化。傳統醫藥行業的發牌及監管制度，在20世紀大大增加了保健的醫藥成本。21世紀的價值健康投資，如何在「不作惡」和「老化作惡」找出解決策略？

第三節

21世紀
醫者還有企業心

Chicken, beef, or medicine.

Make your decision soon.

人工智能
降老化研究成本

人老無藥醫，20世紀是因為老化不是病。有藥醫的，目前只可能是與老化相關的疾病。爭取老化被視為疾病，將會是一個漫長的過程。成功爭取前，沒有供應的不老藥當然亦沒有市場。

踏進21世紀，20世紀的醫藥供應留下兩個問題：其一，市場規模小，需求難以得到滿足；其二，市場規模即使夠大，高昂的醫藥監管成本最終難免轉嫁病人。向前看，為老人減低醫藥成本除了擴大市場放寬監管之外，還有什麼方法？

根據IBM提供的資料，人工智能醫療的應用包括：

（1）疾病檢測與診斷（AI in disease detection and diagnosis）；

（2）個人化疾病治療（personalized disease treatment）；

（3）醫療影像（AI in medical imaging）；

（4）提升臨牀試驗效率（clinical trial efficiency）；

（5）加速藥物研發（accelerated drug development）。

其中老化科學的應用，幾年前一篇名為"Artificial Intelligence for Aging and Longevity Research: Recent Advances and Perspectives"的綜述文章這樣總結：

The applications of modern artificial intelligence (AI) algorithms within the field of aging research offer tremendous opportunities. Aging is an almost universal unifying feature possessed by all living organisms, tissues, and cells. Modern deep learning techniques used to develop age predictors offer new possibilities for formerly incompatible dynamic and static data types. AI biomarkers of aging enable a holistic view of biological processes and allow for novel methods for building causal models — extracting the most important features and identifying biological targets and mechanisms. Recent developments in generative adversarial networks (GANs) and reinforcement learning (RL) permit the generation of diverse synthetic molecular and patient data, identification of novel biological targets, and generation of novel molecular compounds with desired properties and geroprotectors. These novel techniques can be combined into a unified, seamless end-to-end biomarker development, target identification, drug discovery and real world evidence pipeline that may help accelerate and improve pharmaceutical research and development practices. Modern AI is therefore expected to contribute to the credibility and prominence of longevity biotechnology in the healthcare and pharmaceutical industry, and to the convergence of countless areas of research.

一大堆專有名詞，人工智能的潛力有多大？近年輝達（NVIDIA）的股價走勢不用我再多説。人工智能以至當中的深度學習（deep learning）將如何降低生物老化的研究成本？卻是值得討論一下的。首先，透過人工智能提升臨牀試驗效率和加速藥物研發，在藥物安全的致命監管之下是錯不了的。可以預料，治療阿茲海默症等一類老化相關的疾病的研發成本將可降低。更重要的，我認為是學界對量度老化的生物指標一直未有共識，這不但拖慢老化科學的研究發展，更妨礙監管機構考慮把老化定義為疾病。

深度老化鐘，研製不老藥的必要前奏

說過了，沒有量度便沒有科學。反映生物老化和年齡老化的分別，推測生物老化與其他各種疾病的關係，研發預防或治療老化的方法，都必先要找出公認的生物指標去量度生物性老化。換句話，找出能夠量度生物性老化的生物指標，是研究老化科學和監管老化醫療的必要前奏，而人工智能正正具有潛力有效尋找和確認這些生物指標以及降低其研究成本。也說過了，老化是個複雜的生物過程，12個老化標誌環環相扣，單憑一兩個長壽基因去主宰我們的壽命長短，有違演化論的基礎含意。

老化既然是個複雜的生物過程，量度以至了解這個複雜的過程因此涉及複雜而大量的生物以及分子數據。深度學習的優勢，正正就是透過新演算法從大數據（包括影像、基因組學等數據）中學習並找出規律。

多得機器學習技術，表觀遺傳老化鐘（epigenetic aging clock，亦稱DNA甲基化鐘）在21世紀初向我們顯示老化鐘量度生物性老化的潛力。新一代的深度老化鐘（deep aging clock）以至深度神經網絡老化鐘（deep neural networks base aging clock），將透過深度學習技術提升老化鐘在生物老化和疾病的預測力。不同組學（omics）近年的興起，包括研究生物體基因組中各種基因以及它們之間相互關係的基因組學，多少亦是受惠於人工智能推動組學數據的普及分析。組學數據與臨牀數據的連結及分析，將會是把老化科學應用到21世紀醫療最重要的其中一步。

把人工智能應用在老化科學，跟香港以至整個中國有什麼關係？以上引用過的綜述文章，作者之一查沃隆科夫（Alex Zhavoronkov），是總部設於紐約和香港的英矽智能（Insilico Medicine）的首席執行官兼創始人。科技園這樣介紹他：

「人工智能在藥物研發的無限潛力，始於長壽研究的計算機科學家和生物技術專家Alex Zhavoronkov於 2014 年創辦了英矽智能。相比傳統藥物研發，他的端到端（end-to-end）人工智能驅動平台Pharma.AI有助更快捷、更低成本以及更有效率地生產新型的濟世藥物。英矽智能用作治療肺纖維化的藥物於生物科技產業上顯示出雄厚實力，它寫下第一個人工智能研發及設計的藥物，順利進入第一期試驗階段。在Alex的領導下，英矽智能已成功籌募逾3.8億元，以支援其即將推出的人工智能機器人實驗室的發展。」

介紹未有提及的老化鐘研究，亦是英矽智能關注的。老化科學應用的長遠發展，我認為老化鐘比個別藥物治療研發重要得多。然而，老化鐘屬於老化科學的基礎研究，研究成功將惠及整個抗老化醫藥業，界外效應的影響之下一直存在研發投資不足的問題。要擴大抗老化醫藥市場，可靠的老化鐘卻是相關研發必要的前奏。

人工智能應用在老化科學的往後發展，除了技術上的限制，亦將受制於數據上的規模。在2023年，世衛組織總幹事譚德塞博士表示：「人工智能為健康帶來了巨大希望，但也帶來了嚴峻挑戰，包括不道德的數據收集、網絡安全威脅，以及放大偏差或錯誤信息等。這一新指導將支持各國有效監管人工智能，發揮其潛力，無論是在治療癌症還是檢測結核病方面，同時最大限度降低風險。」如何監管衛生領域的人工智能？世界衛生組織發布的"Regulatory Considerations on Artificial Intelligence for Health"，強調必須建立安全有效的人工智能系統，迅速向有需要的人群提供適當的系統，並促進利益攸關方，包括開發人員、監管機構、製造商、衛生工作者和患者之間的對話。

超過10億人口的中國在人工智能應用在老化科學的一個發展優勢，我認為就是可用數據上的龐大規模。

尋找醫療企業家的故事

輝達的黃仁勳，今天是科技界大紅人。發明人工智能的人，卻不是黃仁勳。是的，馬斯克沒有發明電動車，喬布斯亦沒有發明智能電話。經濟學界的行家有一個市場觀察，從智能電話到電動車，不同行業成功企業家的致富之道往往是透過革新生產組織從而降低成本，極少數是靠發明新產品而發達的，醫療和製藥可能是例外。例外之中的例外，上世紀靠醫藥業致富的商人，美國便有福斯特(Thomas F. Frist Jr.)——美國醫院集團HCA(Hospital Corporation of America)的創始人。

提升效率或降低成本的研發，不管是技術上還是組織上，都不是從天而降的。福斯特家族的醫院集團是個罕見而重要的案例。1968年創立，半個世紀以來HCA一直是美國以至全球規模最大的牟利私人醫院集團，主要業務包括經營醫院、診所、急症室、手術中心等醫療設施。沒有驚天動地的技術發明，想當年新進醫生小福斯特創辦HCA，據說是因為名醫父親老福斯特一位朋友的一個問題：「炸雞、燒牛肉、醫療，盡快決定。」這位朋友，便是Jack Massey，先後把KFC和Wendy's成功上市的商業奇才。連鎖炸雞加醫療設施，有無得諗？醫而優則商的小福斯特，決定把KFC和Holiday Inn的連鎖經營模式應用在醫療設施上，把父親老福斯特在田納西州一直經營的公園景觀醫院（Park View Hospital），複製至全美國。於是，福斯特父子聯同Jack Massey創辦了HCA，之後透過上市集資和市場併購，讓HCA高速發展。

尋找醫療企業家的故事，香港亦有曹貴子醫生創辦的康健醫療。透過革新生產組織提升規模經濟，在醫療和製藥行業卻始終比較少見。經濟學界的一個看法是，醫藥市場缺乏效率，價格被醫保制度扭曲加上醫療資訊在供求雙方極度不對稱，規模經濟不容易達到。21世紀抗衰老的龐大需求之下，人工智能的發展遠水不能救近火，醫藥業還有其他企業家可以透過組織改革回應這個史無前例規模的需求嗎？

食玩瞓郁讀 五大健康支柱

沒有公認準確的老化鐘，老化不容易被監管機構視為疾病，老化更不容易有藥可治。在此之前，回應抗衰老的龐大市場需求，我認為主要依靠其他更強調預防的健康支柱。傳統健康四大支柱，包括「食玩瞓郁」。讀，我認為絕對有資格成為健康第五大支柱。食、玩、瞓、郁、讀、醫，前五大健康支柱與「醫」的大不同，除了以不同生活習慣、以行為作預防投資的五大，更重要的還有不一樣的監管，而監管遠為寬鬆的五大支柱，亦容許企業精神在抗衰老市場有更大發揮。

成也監管，敗也監管。芝大元老史德拉（George Stigler）說得好：「如果你說自己是個物理學家，聽者會回應：『物理學我不懂。』不再說下去。但如果你說自己是個經濟學家，聽者會回應：『經濟學嗎？我不懂，但我認為 … 』跟着滔滔不絕。」因為監管，現代人對醫生的信任程度普遍是頗高的。像物理學，大眾對醫學的態度是不懂不說。五大健康支柱背後的營養學、精神病學、睡眠學、運動學、經濟學等等，懂的不懂的各持己見，說不懂又滔滔不絕的人太多了，尤其在社交媒體普及之後。

在老化被視作疾病之前，21世紀抗衰老市場的企業家需要解決什麼問題？在防老勝於治病的抗衰老市場，供求雙方的資訊不對稱問題，比醫藥市場的可謂有過之而無不及，原因除了寬鬆得多的監管，還有更難量度的效果。行運醫生醫病尾，在準確的老化鐘面世之前，有效的衰老預防卻是連「病尾」也無從觀察。今時今日，關於健康長壽的假資訊和陰謀論在互聯網上蔓延，抗衰老市場的企業家首要解決的問題就是掌握並提供最新涉及跨學科的抗衰老資訊，這涉及五大健康支柱背後的各種學問以至當代老化科學的融合。美國的初創公司Optispan便是朝着這個方向發展，看看網頁上的自我介紹：

Optispan's BHAG is "Optimal Healthspans for Everyone".

We envision a world where all of us can take charge of our personal health trajectories and live in good health for as long as possible. In the status quo, many people lose years of high-quality life to chronic illness or disability. It doesn't have to be that way.

Proactive Healthcare — rather than reactive sick-care, where we wait for a person to get ill before doing something about it — is the way forward for the 21st century. To get there, we need to take pragmatic and rigorous steps towards creating a new culture of health; educating a new generation of doctors, coaches, and consumers; and enabling new discoveries from interventions to biomarkers to devices that keep you healthy instead of keeping you sick. Our success will mean the preservation of healthy lives as well as the elevation of human accomplishment, happiness, and flourishing beyond what we can currently imagine.

The last century has seen major progress towards increasing global life expectancy via vaccines, antibiotics, organ transplants, and more. This century, we will transition to a norm of optimal healthspans for all people. We hope you'll take this generational step with us.

強調積極主動的醫療保健、教育新一代的醫生、教練、消費者、發現生物指標讓大家保持健康。企業能否成功，資訊以外還看執行。相比「醫」，「食玩瞓郁讀」涉及更多消費者行為，包括培養需要大量時間投入的生活習慣。均衡飲食、心境開朗、充足睡眠、定時運動、勤力讀書，阿媽係女人邊個唔知？真正做到的又有幾個？抗衰老市場的企業家還需要做的，便是說服消費者為抗老而改變行為，這亦是擅長分析消費者行為的經濟學能大派用場的其中一個地方。

結語

從最先進的人工智能到最遠古的人類行為，都是21世紀抗衰老市場的企業家需要認識的。生物老化跟年齡老化競賽，當預防衰老勝於治療疾病，「食玩瞓郁讀」健康五大支柱的供應變得愈來愈重要，因為不老藥並不會在老化被視為疾病前在市場出現。投資五大健康支柱，卻是個講求時間投入的人力資本投資。

21世紀，長命多是讀書人只會更明顯，因為「讀」與「食、玩、瞓、郁」都是技疊技的互補關係。

以下內容
不構成任何
健康投資建議

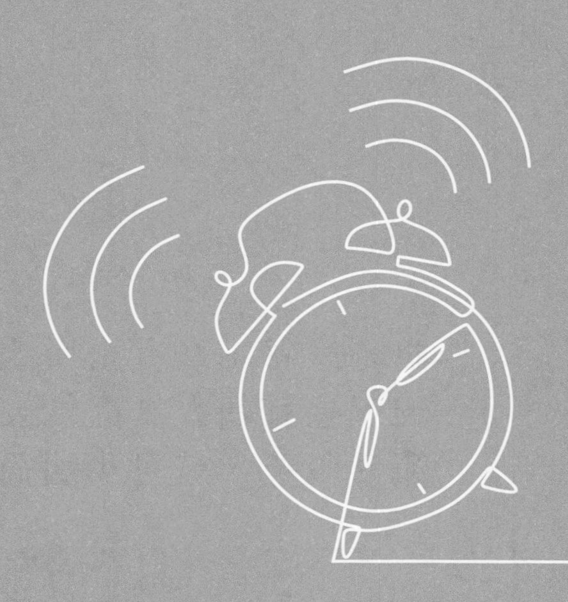

第一節

市場沒有告訴你的長壽藥物

向時愚惑，為方士所欺。
天下豈有仙人？盡妖妄耳！
節食服藥，差可少病而已。

15種服用後死亡率較低的處方藥

讀，經濟學人讀什麼？

說過了，從來沒有嚴謹的科學證據顯示過人類複雜的老化過程可以被逆轉，2002年51位研究衰老的頂尖科學家已聯署提醒過大家，廿多年後的今天，我告訴你這結論依然有效，因此大家毋須對聲稱具「逆齡」功效的產品廣告太認真。不要誤會，白髮可以染黑，個別器官功能衰退亦可以被逆轉。然而，要整個身體逆齡，暫時沒有可能。逆齡不可能，降低死亡率可以嗎？有效降低死亡率，是延長壽命的第一步。在可靠反映老化的生物指標出現前，直接驗證藥物有效降低人類死亡率就只有靠觀察性數據分析。

經濟學教你解讀觀察性數據，數據來自2014年一篇紅極一時的觀察性數據研究文章“Can people with type 2 diabetes live longer than those without? A comparison of mortality in people initiated with metformin or sulphonylurea monotherapy and matched, non-diabetic controls”。作為觀察性研究，服用甲福明當然不是隨機的，只可以把對照組年齡、性別等可觀察因素控制，再比較服用甲福明和相似的非糖尿病患者的所有死因死亡率(all-cause mortality)。有病才食藥，加上藥物的副作用，服用藥物病人的死亡率偏高是容易理解的。研究卻發現，服用甲福明的糖尿病患者的死亡率竟然比沒有糖尿病的低！

這是另一個老藥新用的美麗故事？甲福明原本是治療二型糖尿病的藥物，觀察性數據研究提出甲福明的長壽藥潛力，導致之後籌備多年的臨牀試驗計劃Targeting Ageing with Metformin (TAME)。近年的研究卻開始質疑，觀察性數據研究的發現經不起考驗，因為比較用的對照組處理不當。

2024年3月公布的"Association between Prescription Drugs and All-cause Mortality risk in the UK Population"是另一項觀察性數據分析。406種常用處方藥，50萬位研究參與者。仔細比較相同吸煙歷史、癌病診斷、糖尿病紀錄、年齡和性別的兩組人士，406種處方藥當中169種與服用者的死亡率有明顯關聯性，而絕大多數(155種)是服用者壽命較短。令人意外的是，其中少數(14種)處方藥，服用者的死亡率竟明顯地較低，當中分別最明顯的處方藥分別是：降膽固醇的阿托伐他汀(atorvastatin)、抗炎藥萘普生(naproxen)、「偉哥」的主要成分昔多芬(sildenafil)、更年期雌激素藥物雌二醇(estradiol / estraderm / Vagifem)和雌三醇(estriol)，其他還有抗生素賴甲環素(lymecycline)、治療外耳道感染及發炎症狀的 Otomize、避孕藥母扶樂(Marvelon)以及Avaxim和Revaxis兩種疫苗。眾裏尋她，甲福明卻不是其中之一。

這14種處方藥當中，昔多芬或幾種雌激素藥物服用者較低的死亡率尤其顯著，前者服用的都是男性，而後者服用的都是女性。昔多芬是一種磷酸雙酯酵素-5(PDE-5)抑制劑。一場美麗的誤會，當年研發治療心血管疾病時意外發現昔多芬可使陰莖內血管平滑肌放鬆而增加血液流入。近年有研究發現，服用昔多芬的病人患阿茲海默症的風險明顯較低。需要更多臨牀測試證明昔多芬對阿茲海默症的功能，假如這是另一場美麗的誤會，昔多芬降低死亡率便容易理解。另一方面，雌激素藥物有助預防骨質疏鬆和骨折，同時有助腦部血液循環，因此對阿茲海默症亦可能有預防作用。這種種健康好處，有機會解釋到女性服用雌激素藥物有較低的死亡率。

經濟學解讀觀察性數據，單憑一個觀察性數據研究，處方藥有效降低死亡率是未能確定的，因為correlation does not imply causation這個老生常談。甲福明的案例提醒大家，我們要小心解讀觀察性數據的因果含意。我們首先要知道服用「偉哥」的中年男性或更年期雌激素藥物的中年女性，都是傾向有伴侶的，而服用這些藥物亦有助提升與伴侶之間關係的質素。良好的伴侶關係，是健康長壽的一個社會性因素。問題來了，「偉哥」或更年期雌激素藥物跟死亡率的觀察性關聯，是藥物本身直接對服用人身體產生的生物性效果？還是透過改善伴侶關係間接降低死亡率？抑或，兩者的關聯只反映擁有愉快伴侶關係的人較健康？不要誤會，觀察性數據分析是重要的，尤其當嚴謹的臨牀測試成本太高。經濟學的其中一個優勢，正正就是適當解讀觀察性數據分析以及其他實驗證據，總結後再得出回應現實問題最相關的答案。

觀察性數據以外，原來延壽早已不再是夢，至少在實驗室小鼠身上！

11種對實驗室小鼠有效的長壽藥

經濟學人還讀什麼？觀察性數據以外，經濟學也教你解讀實驗室數據。以下是美國國家老化研究所主導的干預測試計劃（ITP）的自我介紹：

The Interventions Testing Program (ITP) tests potential agents that may delay aging as measured by lifespan extension and/or delayed onset/severity of late life pathologies. The ITP is funded by four NIA cooperative agreement grants — three U01s to the Jackson Laboratory, the University of Michigan, and the University of Texas Health Science Center at San Antonio to support testing; and one U24 to the Jackson Laboratory to support a Data Coordinating Center (DCC). The three testing sites work closely together with NIA to design and execute standard operating procedures (SOPs) that provide a consistent experimental protocol adhered to across the program. Each site also brings specialized expertise to the project, including statistical analysis, pharmacology, toxicology, optimal diet compounding, and non-harmful tests of age-sensitive physiological function. The DCC provides a public-access archive of experimental outcomes and SOPs.

說過了，因為人類太長命，有效延長人類壽命是個技術上實驗室內近乎不可能驗證的結果。延長壽命的實驗測試，目前還只能透過實驗室小鼠等平均壽命短得多的動物進行。被老化科學界視為黃金標準，測試計劃的兩大獨特之處：其一是實驗室小鼠的基因是多樣性的，其二是實驗在三個不同實驗室各自獨立進行。自2002年，ITP測試過近百種化合物，包括抗衰老界紅極一時的白藜蘆醇和不老藥新貴NR。輿論不會告訴你，白藜蘆醇或樂加欣的主要成份NR，對延長實驗室小鼠壽命皆沒有作用。近年開始流行的去衰老藥物，例如漆黃素(fisetin)，據稱有殺死衰老細胞的功能。ITP最近的研究卻顯示，漆黃素同樣無法延長實驗室小鼠的壽命。同一項研究卻發現，蝦紅素有效延長實驗室雄性小鼠壽命12%，對雌性小鼠則只有減磅而沒有延壽作用。

其實，蝦紅素並非唯一有效延長實驗室小鼠壽命的化合物，延壽效果亦不是最顯著。過去22年間，ITP一共公布了11種有效延長實驗室小鼠壽命的化合物，包括：阿斯匹靈(aspirin)、去甲二氫愈創木酸(nordihydroguaiaretic acid)、雷帕霉素(rapamycin)、17α-雌二醇(17α-estradiol)、阿卡波糖(acarbose)、普天登(Protandim)、甘胺酸(glycine)、卡格列淨(canagliflozin)、卡托普利(captopril)、蝦紅素(astaxanthin)、美克洛嗪(meclizine)。以上11種化合物，阿斯匹靈是止痛退燒消炎的藥物，去甲二氫愈創木酸是一種木醇素，雷帕霉素是器官移植病人使用的免疫力抑制藥物，17α-雌二醇是用於治療更年期綜合症的人工合成雌激素，阿卡波糖是二型糖尿病病人的降血糖藥物，普天登是一種可激活NRF1蛋白質及其他抗老化途徑的食物補充品，甘胺酸是構成穀胱甘肽的三大成分之一。這些有效延長實驗室小鼠壽命的化合物，效力各有不同。一些只對雄性小鼠有明顯延壽作用，一些則對雄性與雌性的小鼠各有程度不一的延壽作用，一些更對於已步入老年的小鼠同樣有效！

有效延長實驗室年老小鼠的壽命，這是老化科學界一項非常重要的發現。問題是，老鼠可延壽，老人呢？相比觀察性數據，實驗室證據有確立因果關係的優勢。但什麼因果關係？有效延長實驗室年老小鼠的壽命，不代表有效延長實驗室老年人的壽命，更不代表有效延長現實世界老年人的壽命。

實驗室證據確立可被驗證的因果關係後，關係可伸延至我們關心的問題才有應用價值。於是，aging is conserved在老化科學是一個極為重要的概念，因為這意味着不同物種有關老化的分子以至生物機制，在演化的條件限制之下具有不少共同之處。老化作為一個保守的生物過程，科學界已透過酵母、蠕蟲、蒼蠅、小鼠等不同物種的實驗，從單細胞生物到小型哺乳類動物去確認飲食限制、低溫環境、AMPK、mTOR等生物老化過程的途徑或干預。11種有效延長實驗室小鼠壽命的化合物，干預生物老化背後的途徑是什麼？

經濟學解讀驗室數據，找出共同的老化途徑，因為保守的生物過程假如適用在小鼠及多個其他物種身上，同樣適用在人類身上的可能性自然亦睇高一線。

眾裏尋她雌激素？

綜合以上觀察性數據分析以及實驗室小鼠測試，因果關係與問題相關兩大考慮並重，通過兩大系統數據分析的更年期雌激素，似乎是最具潛力的長壽藥？

我不同意。觀察性數據分析帶出的因果問題仍有待跟進。這個問題重要，因為答案不但涉及到雌激素的延壽效果是否只應用在有伴侶的女性，更重要的是當雌激素和乳癌風險關係還未有共識，平衡其健康好處與其副作用風險的成本效益計算是有必要的。另一方面，觀察性數據只觀察到女性服用雌激素，男性對雌激素的反應如何我們知道得很少。我們知道的，是嚴謹的實驗測試證明雌激素17α-雌二醇有類似蝦紅素的延壽作用：只有效延長實驗室雄性小鼠壽命12%，對雌性小鼠卻沒有延壽作用。

從實驗室小鼠的測試結果反映，雌激素對某些動物是有一定延壽作用的。但原來雌雄有別，加上對人類的效果如何還需要更多研究確認，尤其不同時候開始服用對女性患乳癌的風險影響，以及不同雌激素男性服用的其他副作用。

復活素的市場失效

2009年發表的一篇"Rapamycin Fed Late in Life Extends Lifespan in Genetically Heterogeneous Mice"，是關心健康長壽的人的必讀文章：

Inhibition of the TOR signaling pathway by genetic or pharmacological intervention extends lifespan in invertebrates, including yeast, nematodes and fruitflies; however, whether inhibition of mTOR signaling can extend lifespan in a mammalian species was unknown. Here we report that rapamycin, an inhibitor of the mTOR pathway, extends median and maximal lifespan of both male and female mice when fed beginning at 600 days of age. On the basis of age at 90% mortality, rapamycin led to an increase of 14% for females and 9% for males. The effect was seen at three independent test sites in genetically heterogeneous mice, chosen to avoid genotype-specific effects on disease susceptibility. Disease patterns of rapamycin-treated mice did not differ from those of control mice. In a separate study, rapamycin fed to mice beginning at 270 days of age also increased survival in both males and females, based on an interim analysis conducted near the median survival point. Rapamycin may extend lifespan by postponing death from cancer, by retarding mechanisms of aging, or both. To our knowledge, these are the first results to demonstrate a role for mTOR signaling in the regulation of mammalian lifespan, as well as pharmacological extension of lifespan in both genders. These findings have implications for further development of interventions targeting mTOR for the treatment and prevention of age-related diseases.

一個美麗的延誤，造就老化科學的一項重大發現。因為製造可被實驗室小鼠服用的雷帕霉素的時間比預計中長，ITP唯有測試雷帕霉素對年老小鼠的延壽作用。延長酵母、線蟲、果蠅、小鼠的壽命，我稱之為復活素的雷帕霉素才是長壽藥的黃金標準。

首先，aging is conserved：從單細胞的酵母到哺乳動物野外小鼠，數以百計的實驗證明復活素對所有測試過物種都有可複製的延壽作用，平均延長壽命約兩成，亦是目前我們所知的干預中效力第二大的(效力最大但執行上困難得多的限制熱量攝取，延壽效力可達五成)。

說過了，醫治老從口入的復活素抑制mTOR，是其中一個已確認的生物老化過程途徑：降低mTOR的活性，細胞停止複製並在個別細胞增強自噬作用，藉此修復細胞減緩衰老。因此，復活素有調控線粒體生合成、影響線粒體自噬、抑制蛋白質合成等影響老化標誌的作用，這亦解釋到復活素的延壽作用是相當可靠的。除了延壽，實驗室研究亦顯示復活素對個別衰老相關的疾病有預防、延遲或治療作用，這包括癌症、免疫力下降、皮膚老化等，更有一定臨牀實證支持。

讀經濟學的人要問，市場究竟出了什麼問題，導致市場上長壽藥的黃金標準不及被ITP實驗否定的NAD+前體甚至白藜蘆醇普及？首先，成為長壽藥的黃金標準前，雷帕霉素在醫療界眼中就是供器官移植病人使用的免疫力抑制藥物。高劑量使用雷帕霉素，成功降低免疫力避免移植器官排斥帶來的種種副作用，不容易令人聯想到只要適當劑量同時能夠延年益壽。問題是，免除代謝綜合症等相關副作用的適當劑量究竟是多少？

從經濟角度出發，對專利期已過的雷帕霉素來説，藥廠是不太願意作重大投資找出答案的。這是老藥新用面對的一項挑戰，尤其當老化本身還未被視為一種疾病。要官方正式承認復活素為長壽藥，老化科學界還需要更多努力。時光只解催人老，市場上卻愈來愈多等不及監管機構對老化改變態度的人，透過標示外使用（off-label use）加入測試復活素的安全性和抗衰老效能。可以預視，未來10年將會有更多觀察性數據幫助驗證復活素作為長壽藥的黃金標準是否實至名歸。

結語

秦始皇之後，漢武帝是另一個求長生不死藥的皇帝。盡妖妄耳！是劉徹晚年的頓悟。兩千多年後，天下豈有仙人？市場又豈有仙丹？

市場沒有告訴你，2009年老化科學界發現可延長酵母線蟲果蠅等壽命的雷帕霉素，同樣能夠延長哺乳類動物實驗室小鼠的壽命，而且延壽干預等小鼠晚年才進行，依然有效！市場亦沒有告訴你，臨牀測試更證明雷帕霉素對老人的免疫能力有一定「復活」效用。讀經濟學的人預告大家：復活素才是長壽藥的黃金標準。潛在副作用，加上老藥新用削弱市場價值，長壽藥研發的歷程從來都不是一帆風順的，尤其當老化還未被視為一種疾病。

兩千多年後，從白藜蘆醇到NAD+前體，監管寬鬆得多的補充品在抗衰老市場紅極一時。添壽甚至逆齡依舊「為方士所欺」，是否「差可少病而已」還待更多臨牀證據。

第二節

監管當局忠告你的再生治療

There is a lot of misleading information on the internet about these products, including statements about the conditions they can be used to treat. FDA is concerned that many patients seeking cures and remedies may be misled by information about products that are illegally marketed, have not been shown to be safe or effective, and, in some cases, may have significant safety issues that put patients at risk.

幹細胞耗竭，12老化標誌之一

讀數據，經濟學人還要讀歷史，因為不老藥之前還有再生治療。

1999年，美國著名癌症、愛滋病和人類基因組計劃研究專家哈茲爾廷（William Haseltine）首次提出「再生醫療」（regenerative medicine）這概念。同年，首個實驗室培植的人工膀胱移植手術亦順利進行，大大減輕脊髓脊膜膨出（myelomeningoeele）病人的痛苦。專注肌肉骨骼生物學及組織再生研究的中大前校長段崇智認為，「再生」是未來醫療的新趨勢：

「簡而言之，再生醫學旨在修復或複製因疾病、創傷、年老或先天缺陷等因素而受損的人體組織或器官，採用的方法包括醫療裝置、人工器官、組織工程、生物材料、細胞治療等，堪稱現代生物醫學科技最前沿的範疇。」

段崇智專研的項目之一，便是利用再生醫學技術製作替補軟骨，而製作替補軟骨的物料，就是人類自身的幹細胞。幹細胞具自我複製能力，而當置於新的組織環境培植時，又能發展出擁有該組織特性與功能的細胞。因為再生，所以不老。果然，幹細胞耗竭是12個老化標誌之一：

Stem cell exhaustion results from the loss of cellular plasticity required for tissue repair. Tissue repair requires a modified microenvironment through the secretion of cytokines (in part due to the senescence-associated secretory response), growth factors and modulators of the extracellular matrix (ECM) that favors the de-differentiation and plasticity of cells from different tissue compartments.

身體各組織的再生潛能不斷衰退，是老化的一個明顯特徵。例如，造血作用（hematopoiesis）隨年紀下降，免疫細胞生產減少導致免疫衰老。廿多年後，針對幹細胞耗竭，抗衰老市場又提供了什麼解決方案？

誰偷走了我的再生治療？

2024年，美國FDA忠告市民：

Stem cell products are regulated by FDA, and, generally, all stem cell products require FDA approval. ***Currently, the only stem cell products that are FDA-approved for use in the United States consist of blood-forming stem cells (also known as hematopoietic progenitor cells) that are derived from umbilical cord blood.*** *These products are approved for use in patients with disorders that affect the production of blood (i.e., the "hematopoietic" system) but they are not approved for other uses.*

Exosome products are also regulated by FDA. As a general matter, exosome products intended to treat diseases or conditions in humans require FDA approval. ***There are currently no FDA-approved exosome products.***

廿多年後，美國監管當局認可的幹細胞治療，原來就只有造血幹細胞治療。細胞分泌的外泌體醫療產品，供應更是零！

讀經濟學的人要問，監管究竟出了什麼問題，導致市場上再生治療比不老藥發展得更慢？說過了，芝大老師鮑士民早在70年代已分析過美國FDA致命的監管。過度嚴謹的藥物安全法例，同樣適用於再生醫療，同樣數以年計地延誤能救人一命的幹細胞治療推出市場，亦同樣忽視把老化本身作為可醫治的疾病的再生治療。

發展再生醫療難上加難，皆因一個倫理問題：因治療之名，毀掉人類胚胎說得過去嗎？因為這個道德問題，不少國家對人類胚胎幹細胞（human Embryonic Stem Cell, hESC）研究都有嚴格限制，這些限制當然窒礙再生醫療的發展。然而，回顧再生醫療在廿多年間的發展史，間充質幹細胞（Mesenchymal Stem Cell）和誘導性多能幹細胞（induced Pluripotent Stem Cell）的發展，多少是市場對嚴格限制人類胚胎幹細胞研究的回應。

前者，既非新發現，再生及分化能力亦比不上胚胎幹細胞，但可從臍帶組織或成人的骨髓、脂肪等提取，因此解決了毀掉胚胎這個倫理問題，並成為近年再生醫療最普遍的幹細胞來源；後者，既是諾貝爾獎級的新發現，再生及分化潛力亦可比胚胎幹細胞，因為可從皮膚或血液等提取，然後注入四個「山中因子」(Yamanaka factors)再編程，細胞再編程(cellular reprogramming)成本雖高但亦解決了毀掉胚胎這個倫理問題。

解決了幹細胞來源衍生的倫理問題，還有誰偷走了我的再生治療？答案是安全問題。以幹細胞作為基礎的再生治療，效用的關鍵在乎細胞在移植後能夠在人體內生存，並與周邊組織結合和安全有效運作。臨牀應用上，間充質幹細胞的應用包括治療糖尿病、類風濕性關節炎、肝硬化、神經退化相關疾病等。致癌風險，從來是幹細胞治療的一大安全問題，尤其是誘導性多能幹細胞可能引起的基因突變，導致癌性及免疫生成性風險，都是再生治療發展不似預期的原因。

想再生，花旗行不如東瀛遊

傳説，徐福受秦始皇之令率童男童女三千人東渡瀛洲，為皇帝尋找長生不老藥。今天，每年到日本接受再生治療的醫療客，又何止三千？尋找他鄉的幹細胞治療，日本的再生醫療市場發展得比美國成熟。人才方面，研發誘導性多能幹細胞的關鍵「山中因子」的「山中」，便是2012年憑此研發贏得諾貝爾獎的山中伸彌（Shinya Yamanaka）。諾貝爾獎委員會這樣介紹山中的研究：

Our lives begin when a fertilized egg divides and forms new cells that, in turn, also divide. These cells are identical in the beginning, but become increasingly varied over time. It was long thought that a mature or specialized cell could not return to an immature state, but this has now been proven incorrect. In 2006, Shinya Yamanaka succeeded in identifying a small number of genes within the genome of mice that proved decisive in this process. When activated, skin cells from mice could be reprogrammed to immature stem cells, which, in turn, can grow into different types of cells within the body.

再編程，把成熟或特化細胞返回未成熟狀態，讓細胞「返老還童」靠的是Oct3/4、Sox2、Klf4和c-Myc（簡稱OSKM）四個遺傳因子。山中伸彌之後，大隅良典（Yoshinori Ohsumi）在2016年憑他對細胞自噬機制的發現贏得諾貝爾獎，另一老化標誌的諾貝爾獎級研究，日本在老化科學可謂人才濟濟。科研頂尖人才之外，更重要的我認為是日本對再生醫療不一樣的市場監管。

多得人口老化，日本抗老化市場是銀髮經濟重要的一部分。2013年，日本對再生醫療的市場監管進行了一次重大改革，通過《再生醫療推進法》後，《醫藥品醫療機器法》新增的「再生醫療產品」和《再生醫療法》的落實標誌着改革正式開始：前者規範藥廠就再生醫療產品的臨牀測試，容許保險分擔二期和三期測試的成本，目的是透過市場加快臨牀測試程序；後者管理執行細胞治療的臨牀醫生，透過風險高低分類對不同治療項目作區分和規範（例如誘導性多能幹細胞、異體幹細胞移植屬高風險，自體幹細胞移植屬中風險），企圖在治療與風險之間取得有效平衡。相比美國FDA的嚴格監管，日本的新模式成功吸引全球有需要接受再生治療的病人，以及全球有志研發再生治療的藥廠來個東瀛遊。

細胞再編程是逆齡新希望？

一天老化不是病，不論是監管過度嚴格的美國還是寬鬆得多的日本，再生醫療的新技術發展只會朝着頭痛醫頭的舊方向，分別只是發展速度的慢與快。再生醫療的潛力，又豈止腳痛醫腳？

讀老化科學史的人會記得，OSKM四個山中因子有讓細胞「返老還童」的能力，透過細胞再編程把成熟或特化的細胞返回未成熟狀態，主要挑戰是控制基因突變導致的癌性風險。成也可塑，敗也可塑，細胞的可塑性是把雙刃劍，細胞再編程的成敗關鍵就是控制細胞的可塑性。2020年辛克萊的“Reprogramming to Recover Youthful Epigenetic Information and Restore Vision"發現：

Using the eye as a model central nervous system (CNS) tissue, here we show that ectopic expression of Oct4 (also known as Pou5f1), Sox2 and Klf4 genes (OSK) in mouse retinal ganglion cells restores youthful DNA methylation patterns and transcriptomes, promotes axon regeneration after injury, and reverses vision loss in a mouse model of glaucoma and in aged mice.

細胞再編程，因為M因子（c-Myc）的致癌特性，讓實驗室小鼠的眼細胞安全「返老還童」靠的OSK三大山中因子，而反映「返老還童」的指標，是量度表觀遺傳老化的DNA甲基化鐘。這是辛克萊近年另一具爭議性的研究發現，逆轉表觀遺傳老化之外，能否逆轉小鼠甚至人類因自然老化而衰退的視力功能，臨牀測試要走的路是漫長的。

結語

讀懂21世紀的抗老化醫療市場，不老藥只能在資訊混雜的食物補充品市場或標示外使用的老藥新用市場裏尋。又因為老化不是病，再生醫療在可見未來亦只能集中老化相關疾病的預防和治療研發，包括間充質幹細胞治療以及免疫細胞治療。

歲月不饒人。想留住青春，着重預防的「食玩瞓郁讀」健康五大支柱不可不知。

第三節

2024我最喜愛的健康KOL

末法時期，
邪師說法，
如恆河沙。

20世紀安賽基斯的走脂陰謀論

Low Carb撈嘢，High Fat揩嘢？

都是肥胖惹的禍。肥胖症，過去半個世紀不斷困擾着先進地方的人，情況還愈來愈嚴重。為了健康，為了靚靚，減肥成了不少都市人的終身事業，同時亦為生意人帶來無限商機。關於減肥，上世紀流行過的節食方法是限制吸收脂肪。近年，取而代之的卻是限制碳水化合物攝取。吸脂無罪，反糖有理，是21世紀的飲食新潮流。

2011年出版的暢銷書*Why We Get Fat: And What to Do About It*，本身是記者的作者Gary Taubes提出減肥必要減碳水

化合物，單單限制吸收脂肪是沒有用的，因為碳水化合物導致胰島素分泌才是肥胖的罪魁禍首：

any diet that succeeds does so because the dieter restricts fattening carbohydrates... Those who lose fat on a diet do so because of what they are not eating – the fattening carbohydrates.

2014年出版的另一暢銷書*The Big Fat Surprise: Why Butter, Meat and Cheese Belong in a Healthy Diet*更火上加油，挑戰飽和脂肪危害健康的傳統智慧。肥胖，在記者Nina Teicholz眼中是糖商有份在背後策劃的一場謀財害命大陰謀，當中包括哈佛學者收取糖商給予的利益，把心血管疾病的矛頭指向脂肪，企圖淡化糖分攝取過多對健康的影響。是的，今天我們都同意多糖影響健康。問題是，暢銷書作者的健康經濟陰謀論並不止於此：

What if the very foods we've been denying ourselves — the creamy cheeses, the sizzling steaks — are themselves the key to reversing the epidemics of obesity, diabetes, and heart disease?

支持高脂低碳飲食，暢銷書作者因此亦獲得生酮飲食的支

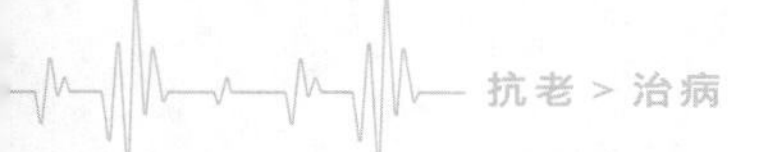

持者所擁戴。然而，這陰謀論最大的問題，是完全扭曲了半個世紀的科學，並把著名生理學家基斯（Ancel Keys）的研究和人格批評得體無完膚。想當年，基於他團隊的研究結果（包括著名的七國研究），基斯向美國人解釋飲食中的飽和脂肪乃他們頭號殺手心血管疾病的元兇。七國研究的背景，且聽聽該研究團隊的自我介紹：

The Seven Countries Study was conceived by Ancel Keys, a Minnesota physiologist, who in the mid-20th century brought together researchers from all over the world. It became a collective effort to study their joint questions about heart and vascular diseases among countries having varied traditional eating patterns and lifestyles.

研究的主要假設，是關於冠狀動脈疾病與飲食中脂肪成分（和血液膽固醇水平）的關係：

The main hypothesis was that the rate of coronary disease in populations and individuals would vary in relation to their physical characteristics and lifestyle, particularly in fat composition of the diet and serum cholesterol levels.

至於研究目標，就是透過收集一致可比的數據去分析飲食和其他風險因素跟發病率的關係：

The objective was to explore in detail the associations of diet, other risk factors, and disease rates between populations and among individuals within populations, using standard measures by trained survey teams, with blindfolded coding and analysis of data.

早期發現，七國的飲食跟心臟病率有一定關係：

Informal exploratory studies in Italy, Spain, South Africa, and Japan from 1952 to 1956 suggested that diets, serum cholesterol levels, and heart attack rates varied widely and that methods needed to be standardized. More formal pilot studies were undertaken from 1956 to 1957 in Finland, Italy, and Greece indicating that a desirable wide range of diets and disease rates probably existed and that staff and populations could be effectively recruited and examined.

於是，研究團隊展開了第一期為時25年的研究：

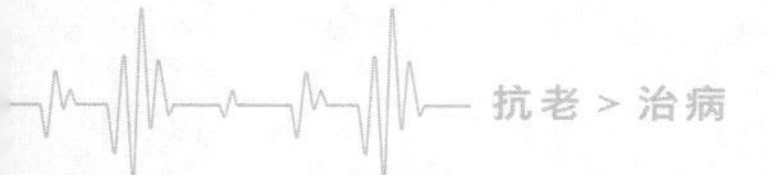

During the first phase of the study (1958-1983), standardized lifestyle and risk factor surveys were carried out at baseline and after 5 and 10 years of follow-up in 16 cohorts of middle-aged men from seven countries. The surveys were executed by teams of the local principal investigators, who also collected the mortality data during 25 years.

之後，是為時15年的研究第二階段：

The second phase of the study, from 1984-1999, is characterized by extending the cardiovascular surveys about different aspects of health in the elderly from nine European cohorts. 50-year mortality data were collected up to 2014 in 13 of the 16 cohorts. In the Finland, Italy, Netherlands, Elderly (FINE) study (coordinated by Aulikki Nissinen, Alessandro Menotti and Daan Kromhout) standardized gerontologic surveys were carried out and supplemented by data from the Serbian and Crete cohorts. Only mortality data were collected in the SCS cohorts of the USA, Corfu and Japan. The data from the FINE study were combined with those of the SENECA study and the HALE (Healthy Aging a Longitudinal study in Europe) project lead by Daan Kromhout.

七國研究讓我們學習到冠狀動脈心臟疾病的主要風險因素，包括血液膽固醇水平、血壓、糖尿病、吸煙習慣等：

The Seven Countries Study was a pioneering endeavor in study design that influenced and enhanced many studies to follow. It showed that serum cholesterol, blood pressure, diabetes and smoking are universal risk factors for coronary heart disease. Ancel Keys and his Italian colleague Flaminio Fidanza and their SCS colleagues were central to the modern recognition, definition, and promotion of the eating pattern they found in Italy and Greece in the 1950s and '60s, now popularly called "The Mediterranean Diet." They showed together with their colleagues that dietary patterns in the Mediterranean and in Japan in the 1960s were associated with low rates of coronary heart disease and all-cause mortality. The studies in the elderly showed that a healthy diet and lifestyle (sufficient physical activity, non-smoking and moderate alcohol consumption) also is associated with a low risk of cardiovascular disease and all-cause mortality. A healthy diet and sufficient physical activity may also postpone cognitive decline and decrease the risk of depression.

當年，七國研究的影響力之大，美國官方的膳食指南亦建議為健康要少吃飽和脂肪。另一方面，基斯的暢銷書*Eat Well and Stay Well*，則大力推薦多菜有魚少飽和脂肪的地中海飲食。今日走脂陰謀論的影響力，網上狠批基斯的研究和人格多如恆河沙。

首先，狠批基斯七國研究的人，錯誤引述反映他們根本沒有讀過研究原著。學界試圖撰文*Ancel Keys and the Seven Countries Study: An Evidence-based Response to Revisionist Histories*為基斯平反，效果當然跟暢銷書的陰謀論無得比。導正民粹，容我總結文章提出的四大指控與回應：(1)七國研究的樣本選取，是為了誤導公眾飽和脂肪攝取引發心臟病；(2)同一原因，法國被剔除分析；(3)希臘數據在偏頗沒有代表性的大齋期收集；(4)研究漠視糖對心臟病的影響。回應這四大指控，文章解釋樣本選取是基於數據質素及其可比性。法國數據質素欠佳，但分析其實有考慮在內。希臘的數據是故意在大齋期時收集的，目的是測試結果會否因此受到影響。而最後七國研究其實考慮了糖對心臟病的影響，只是影響遠不及飽和脂肪。

其實，作者已死，更重要的我認為是七國研究今天究竟還是否站得住腳。據我觀察，學界就飽和脂肪對心臟病的影響，是沒有太大爭議的。讀讀幾年前發表的綜述文章"Reduction in Saturated Fat Intake for Cardiovascular Disease"，結論支持基斯半世紀前的發現：

The findings of this updated review suggest that reducing saturated fat intake for at least two years causes a potentially important reduction in combined cardiovascular events. Replacing the energy from saturated fat with polyunsaturated fat or carbohydrate appear to be useful strategies, while effects of replacement with monounsaturated fat are unclear. The reduction in combined cardiovascular events resulting from reducing saturated fat did not alter by study duration, sex or baseline level of cardiovascular risk, but greater reduction in saturated fat caused greater reductions in cardiovascular events.

High Fat依然揩嘢。批評走脂的陰謀論作者，其實帶出一個值得討論觀點：少吃飽和脂肪，取而代之的究竟是什麼？

研究一再重申，飽和脂肪對心血管疾病風險的不良影響，尤其以多元不飽和脂或碳水化合物取代飽和脂肪。

Low Carb繼續撈嘢。低碳飲食商機無限，背後其實亦有理論支持。減肥必要減碳，暢銷書作者引用的主要來自哈佛學者路德維希（David Ludwig）主張的「碳水化合物-胰島素模型」（carbohydrate-insulin model）。這個模型，近年其實在學界帶出不少爭議。2015年發表的學術文章"Calorie for Calorie, Dietary Fat Restriction Results in More Body Fat Loss than Carbohydrate Restriction in People with Obesity"，顧名思義發現限制吸收脂肪比限制碳水化合物攝取更有效減脂：

Whereas carbohydrate restriction led to sustained increases in fat oxidation and loss of 53 ± 6 g/day of body fat, fat oxidation was unchanged by fat restriction, leading to 89 ± 6 g/day of fat loss, and was significantly greater than carbohydrate restriction (p = 0.002).

相同的卡路里攝取，實驗室證據顯示兩星期內限制脂肪攝取對減少身體脂肪的效果比限制碳水化合物攝取的大。但要留意，實驗檢視的是減肥而非減磅，而實驗亦沒有分析不同飲食限制的長期效果。然而，實驗結果就是推翻了減肥必要減碳水化合物這個説法。另外，2021年一篇名為"Effect of a Plant-Based,

Low-Fat Diet versus an Animal-Based, Ketogenic Diet on ad libitum Energy Intake”的研究發現：

We found that the low-fat diet led to 689 ± 73 kcal d-1 less energy intake than the low-carbohydrate diet over 2 weeks (P < 0.0001) and 544 ± 68 kcal d-1 less over the final week (P < 0.0001). Therefore, the predictions of the carbohydrate-insulin model were inconsistent with our observations.

低脂飲食比低碳飲食更有效減少熱量攝取，再一次推翻陰謀論背後的「碳水化合物-胰島素模型」。不要誤會，讀懂這些研究的人，不會完全否定低碳甚至生酮飲食的一些健康好處（例如短期有效減磅、治療癲癇甚至癌症）。

然而，減肥不是減磅，愈來愈多研究亦顯示生酮飲食同時帶來一些健康壞處，包括提高腎病風險、促發炎等。一篇名為“Ketogenic Diet induces p53-dependent Cellular Senescence in Multiple Organs”的研究發現，不管是飽和還是非飽和脂肪，亦不論開始生酮飲食是老是少，長期低碳高脂的生酮飲食都加速實驗室小鼠的器官細胞衰老，而這些器官包括重要的心臟和腎臟。

21世紀大衛辛克萊的逆齡爭議

記者變作者，作者的陰謀論，讀書人多讀相關研究是不難推翻的。學者變作者呢？

2019年，辛克萊在他的暢銷書*Lifespan: Why We Age — and Why We Don't Have To*繼續推廣白藜蘆醇和NMN的延壽功效。說過了，白藜蘆醇之謎，是學界多次質疑其延壽效能，股市亦否定其價值，補充品市場卻依然流行。從電視廣播的《60分鐘時事雜誌》到暢銷書談不老科學，辛克萊就是當代老化科學的KOL代表。行外人有所不知，NR之父布倫納的書評"A Science-Based Review of the World's Best-Selling Book on Aging"狠批辛克萊偽科學：

For scientific discoveries to be developed they need to be real but for books to sell, the stories just have to be good. The reach of Lifespan is a problem for the world precisely because a Harvard scientist is telling fictitious stories about aging that go nowhere other than continuing hype as legendary as anything in Herodotus.

NR之父對NMN推手的質疑，外界可以視為同行如敵國。不過，最近辛克萊一位小師兄對他的指控，卻值得大家深思。

2024年，辛克萊在社交媒體宣布：

I am very proud of the teams at NCSU and Animal Biosciences, who, after years of collaborative research and a clinical trial, have developed the first supplement proven to reverse aging in dogs.

難道，臨牀實驗證明首隻令犬隻逆齡的食物補充品經已面世？原來，辛克萊創辦的公司Animal Biosciences和北卡羅萊納州立大學的科學家近年合作研究一種NAD+前體加上另一種去衰老藥物合成的犬隻食物補充品（品牌名稱為Leap Years），實驗結果發表於一篇名為“A Randomized, Controlled Clinical Trial Demonstrates Improved Cognitive Function in Senior Dogs Supplemented with a Senolytic and NAD+ Precursor Combination”的研究報告。

問題是，即使報告最終能經得起同行評審，實驗結果其實沒有證明「老狗逆齡」這回事，亦沒有交代Leap Years的NAD+前體和去衰老藥物的真正成分究竟是什麼。無奈，一般消費者只知辛克萊是哈佛教授，而不會讀得懂報告的真正研究發現。有見及此，麥特凱伯琳(Matt Kaeberlein)，辛克萊在麻省理工Guarente Lab時代的小師兄有嚴厲回應：

I find it deeply distressing that we've gotten to a point where dishonesty in science is normalized to an extent that nobody is shocked when a tenured @Harvard professor falsely proclaims in a press release that a product he is selling to pet owners has "reversed aging in dogs". To me, this is the textbook definition of snake oil salesman.

「不誠實」、「蛇油推銷員」，在學術界是非常嚴重的指控。這一場逆齡爭議，凱伯琳強調某些醫學干預讓個別器官回復年輕時的功能是可以的，但全面影響衰老過程達至整體逆齡之説卻是誇張失實。今次事件，對辛克萊的公信力來説無疑是一次災難。凱伯琳的回應經廣傳後，辛克萊把"the first supplement proven to reverse aging in dogs"改為"the first supplement shown to reverse the effects of age related decline in dogs."把「逆齡」改為「逆轉年齡相關的衰退效果」，行家卻仍覺恥與為伍。

麥特凱伯琳：雷帕霉素是長壽干預的黃金標準

互聯網世界之下的社交媒體，膽有多大發言權就有多大。向大家介紹3位近年我最喜愛的健康KOL：老化科學家麥特凱伯琳、醫生彼得阿迪（Peter Attia）和葡萄糖女神謝西伊喬斯佩（Jessie Inchauspé）。

喜歡凱伯琳的誠信。在學界工作了廿多年，我對象牙塔內的文化比塔外的人清楚。什麼的學者怎樣的研究較可信？象牙塔有我們象牙塔的商業秘密。白藜蘆醇之謎，在老化科學界是個公開秘密。這一切都是源自廿多年前麻省理工著名的Guarente Lab，當時初出道的凱伯琳和辛克萊都在Guarente Lab工作。

幾年間，辛克萊發表了“Small molecule activators of sirtuins extend Saccharomyces cerevisiae lifespan”等一系列的文章，提出白藜蘆醇在酵母具有激活「長壽基因」的功能。學而優則商的辛克萊更在2004年創立了Sirtris Pharmaceuticals。兩年後，比他更早開始研究有關延壽機制凱伯琳卻在“Substrate-specific Activation of Sirtuins by Resveratrol”提出質疑：

We found that in three different yeast strain backgrounds, resveratrol has no detectable effect on Sir2 activity in vivo, as measured by rDNA recombination, transcriptional silencing near telomeres, and life span. In light of these findings, the mechanism accounting for putative longevity effects of resveratrol should be reexamined.

凱伯琳的質疑，卻阻止不了Sirtris在2007年上市，其餘的都已是歷史。2009年，凱伯琳已發表文章“Resveratrol and Rapamycin: Are They Anti-aging Drugs?”提問。答案呼之欲出：

To date, it remains unclear whether resveratrol or sirtuin activating compounds have significant biologic effects in

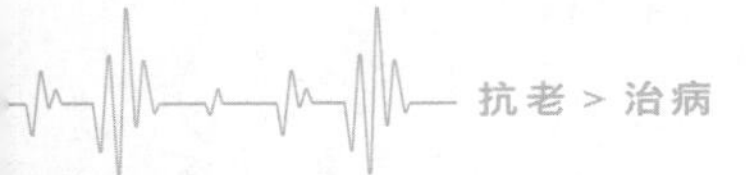

humans. In the mouse obesity studies, very high doses of resveratrol were used, and questions have been raised regarding the bioavailability of resveratrol. Although marketing of unregulated "anti-aging" supplements that contain resveratrol has proven to be a lucrative business, there is little indication that supplementation with resveratrol has health consequences – either positive or negative – in people...In contrast to resveratrol, there is abundant literature indicating that rapamycin and rapamycin analogs (referred to as rapalogs) have efficacy in people as both immunosuppressant and anti-cancer agents.

雷帕霉素是長壽干預的黃金標準，是凱伯琳一直倡議的。幾年前，凱伯琳和他團隊創立「狗衰老研究計劃」(Dog Aging Project)，致力找出達至健康地老去的生物、環境以及生活習慣因素。其中一項名為A Randomized Controlled Trial to Establish Effects of Short-term Rapamycin Treatment in 24 Middle-aged Companion Dogs的研究發現，短期服食雷帕霉素對中年犬不但沒有不良副作用，還有心臟功能的一些改善。想吸收更多真正的最新老化科學資訊，我推薦凱伯琳的*The Optispan Podcast with Matt Kaeberlein*。

彼得阿迪：
運動是最有效的不老藥

喜歡阿迪的辯才。寫這本書，多少是受了阿迪2023年的暢銷書*Outlive: The Science and Art of Longevity*所影響。同樣辯才一流的芝大老師李維特這樣推介這本書：

Wouldn't you like to live longer? And better? In this operating manual for longevity, Dr. Peter Attia draws on the latest science to deliver innovative nutritional interventions, techniques for optimizing exercise and sleep, and tools for addressing emotional and mental health.

For all its successes, mainstream medicine has failed to make much progress against the diseases of aging that kill most people: heart disease, cancer, Alzheimer's disease, and type 2 diabetes. Too often, it intervenes with treatments too late to help, prolonging lifespan at the expense of healthspan, or quality of life. Dr. Attia believes we must replace this outdated framework with a personalized, proactive strategy for longevity, one where we take action now, rather than waiting."

阿迪是一位醫生，曾棄醫從顧問，因此對商業世界的風險管理亦有一定經驗。相比凱伯琳，阿迪是一位更當紅的健康KOL。2016年創辦Early Medical，協助病人「防老勝於治病」的實戰經驗亦比凱伯琳豐富。阿迪的Podcast節目*The Drive*，是他過去幾年大受歡迎的主要原因。這裏跟大家分享一下，我在他的Podcast節目和他的暢銷書學到幾個健康長壽有關的概念：

- marginal decade：因住收尾嗰幾年。先想像怎樣理想地過收尾嗰幾年，再以逆向歸納法逐步規劃如何有效投資健康；
- ApoB test：不死，是追求健康長壽的前提。針對預防我們的頭號殺手，ApoB檢測比傳統的血脂檢驗準確；
- VO_2 max：最大攝氧量，是降低這死亡率最重要的可控風險因素，因此運動才是最有效的不老藥；

• zone 2 exercise：運動這金字塔，塔頂是提高最大攝氧量，塔底做足低密度zone 2 訓練（中低強度的有氧耐力訓練）；

• muscle mass：不要低估肌肉對健康長壽的重要，除了預防跌倒和提升晚年生活質素，肌肉亦是維持良好代謝健康的重要器官；

「食玩瞓郁」四大健康支柱，阿迪最強調的是「郁」。「郁」比「食」重要的說法具爭議，但阿迪的理據是值得我們反思的。

葡萄糖女神：我的血糖愈不規律，精神健康便愈差

喜歡女神的策略。互聯網的普及打破了傳統專家壟斷輿論的話語權，一個又一個健康KOL就此誕生。三位健康KOL，市場受歡迎程度與他們的學歷及科研經驗成反比，最受歡迎的是只有碩士程度而從未參與過嚴謹科學研究兼沒有任何臨牀經驗的女神。不像博士或醫生，葡萄糖女神（Glucose Goddess）的名銜是自封的。

紐約時報暢銷書作家，自封女神卻比什麼博士醫生值錢。葡萄糖女神伊喬斯佩的暢銷書《葡萄糖革命》（*Glucose Revolution*），提出營養學家未必理解的十大黑客攻略（hacks）：

(1)正確進食次序；

(2)先吃蔬菜；

(3)停止計算卡路里；

(4)早餐不甜；

(5)糖都是一樣的；

(6)寧食甜品，不吃甜零食；

(7)醋；

(8)先食而後動；

(9)如吃零食，吃不甜的；

(10)攝取碳水化合物時，加上蛋白質、脂肪或纖維。

當中的十大黑客攻略之首，就是用餐時先吃蔬菜，然後蛋白質、脂肪，最後才吃澱粉和糖。研究發現，用餐時按這個進食次序，葡萄糖高峰值可大減五成以上。對代謝健康良好的人來説，大減葡萄糖高峰值有何益處？不確定。幾可確定的，是按這個進食次序，你會多吃蔬菜少食糖。

450萬個IG追隨者，暢銷書全球賣超過100萬本。短短幾年大受歡迎，女神的黑客攻略大致上其實就是按照早在80年代提出的「升糖指數」(Glycemic Index，簡稱GI)進食。

虛擬世界裏，女神比醫生更受歡迎，影響力又比科學家更大，為什麼？三位我最喜歡的健康KOL，共通點之一就是都有配戴連續血糖監測儀(Continuous Glucose Monitor，簡稱CGM)。唯獨是女神的策略，透過CGM簡單的數據圖表以及她的親身經驗，有效地與其追隨者分享，追隨者亦可即時驗證正確進食次序的減糖效果，這是曉之以理吧。再加上動之以情，好心分享她早年血糖愈不規律精神健康便愈差的血淚史。作為一個只有生物化學碩士學位的女神，經歷自然比學歷重要。

MyGut者言：我的經濟學開心分享

長命多是讀書人。讀，是我提出的健康第五大支柱。讀經濟學，讓我明白「抗老勝於治病」是一個投資策略。健康是資本，技疊技的資本累積策略強調不同知識技能往往是相輔相成的。在不老藥或返老還童的再生治療推出市場前，投資「食玩瞓郁讀」五大健康支柱要趁早。尤其讀書，尤其當抗衰老的龐大需求未能被醫療供應滿足，尤其在假知訊偽科學充斥互聯網世界的末法時期，因為讀壞書投資傳統四大健康支柱會事倍功半甚至負數回報。

識人亦是識字。關於食，飲食要節制是老生常談。問題是，如何節制？現實世界中，這問題其實有兩部分：其一，節制什麼對健康最為有益？其二，怎樣節制在執行上最能夠持之以恆？執行問題，其實就是經濟學的行為問題。我的營養師朋友陳荃賢提醒我一點讀書讀不到的重要知識：投資個人健康飲食，調節飲食行為往往比認識食物營養更重要。為追求健康而改變生活習慣，經濟學的行為研究其實不容忽視，飲食行為如是，社交、睡眠、運動行為亦如是。

以飲食行為作例，計算清楚不同飲食的健康成本，添加糖和精製穀物的價格馬上倍升，蔬菜以至全食物(whole food)的價值同時大增。了解纖維對消化以至腸道健康的好處，亦有助豐富我們進食蔬菜時的健康想像。從平價沙甸魚到珍貴魚子醬，培養健康飲食習有效攝取Omega-3脂肪酸，想味道更吸引我會請教名廚好友Olivier Elzer。

從食到玩，我喜歡跟老友MC仁定期到不丹吃farm-to-table之餘，再感受一下這個快樂國度的靈性。冥想提高睡眠質素，亦是我們經常討論的科學題目之一。近年受到一位醫生朋友的熏陶，打乒乓球成了醫生與我每周一次的運動常態。少碰撞、多反應，難怪芝大師兄袁天凡近年也組班推動健康的乒乓球運動。

結語

預防勝於治療？過去半個世紀，我們累積了很多預防心血管疾病的知識，頭號殺手排名依然，是我們未下定決心改變健康壞習慣吧。相比心血管疾病，第二號殺手癌症以往給人的印象就是防不勝防。但原來，讀書人已知道循環腫瘤細胞檢測加上免疫細胞治療的發展，及早干預可令癌症痊癒機會高達九成。習慣以外，成本卻是保險不包預防性檢測，導致預防敗給治療的另一重要因素。是的，預防衰老是否勝於治療疾病，從來要考慮成本效益。

上世紀，讀書人在控煙前戒煙。這世紀，讀書人要在老化成為疾病前抗衰老。當錯誤健康資訊如恆河沙數，抗衰老需要解讀各健康支柱相關資訊之多是史無前例的。從讀這一本書開始，識字然後識人，一起培養可持之以恆的健康長壽生活習慣，21世紀技疊技價值投資「食玩瞓郁讀」就是如此。

後記

大時代中，亞當史密斯與富蘭克林在愛丁堡相遇，經濟學之父和美國國父對重商主義的殖民政策看法誰影響誰不易説清。1776年，《國富論》和《獨立宣言》先後面世，資本主義從此不再一樣卻是幾可肯定。

健康是資本。21世紀健康資本主義要回應以下問題：假如「預防勝於治療」，那麼「長揸勝於短炒」呢？都不一定對，而市場就是告訴你選擇「治療」和「短炒」一直大有人在。讀經濟學的人會記得，根據著名的分離定律，一個人的消費與投資是可以分開來作決策的。消費的遲或早睇耐性，投資的長或短看利率。耐性各人不同，利率卻單一市價多少便是多少，而最佳投資是取決於收入以市價利率折現後的財富是否最高。換句話，最高財富是王道，長揸還是短炒，不應受個人耐性影響。

預防？治療？既是投資問題，卻又是消費選擇。分離定律不適用，皆因健康市場的不足。是的，在能醫百病的仙丹出現前，我們沒有辦法簡單以財富購買健康壽命。於是，有效預防不能只依賴財富極大化這個投資原則，「預防勝於治療」亦視乎各人不同的耐性，不能一概而論。從消費角度出發，平滑消費（consumption smoothing）的偏好下，我們不喜歡個人健康狀況隨生老病死而大起大落。「食玩瞓郁」傳統四大健康支柱，消費開支比醫療高，時間比例更容易過半。再加上投資讀書這第五大健康支柱，健康長壽成了每個消費者最重要的投資問題，同時又是每個投資者最重要的消費選擇。當財富累積遇上人口老化，認清健康生命之價值，重估健康支柱的成本。21世紀從你眼前這本書讀起，技疊技再有效投資「食玩瞓郁」，培養一個又一個具價值的抗老消費習慣，是不老藥面世前最高價值的健康投資策略。

21世紀價值健康投資策略

作　　者	徐家健
助理出版經理	林沛暘
責任編輯	梁韻廷
美術設計	Gigi Ho
文字協力	呂雪玲
圖　　片	Shutterstock, iStock
出　　版	明窗出版社
發　　行	明報出版社有限公司 香港柴灣嘉業街 18 號 明報工業中心 A 座 15 樓
電　　話	2595 3215
傳　　真	2898 2646
網　　址	http://books.mingpao.com/
電子郵箱	mpp@mingpao.com
版　　次	二〇二四年七月初版
I S B N	978-988-8829-40-8
承　　印	美雅印刷製本有限公司